中国式管家服务系列培训教材
Training materials of Chinese housekeeping service

家庭婴幼儿成长师
（初级）

刘洋◎编著

MEIYU,HOME SERVICE
美妤世家
中国人力资源和社会保障部中国就业指导中心

HEUP 哈尔滨工程大学出版社
Harbin Engineering University Press

内容简介

本书为家庭婴幼儿成长师(初级)培训教材。内容共分为八部分,包括:婴幼儿成长师礼仪培训、职业道德、基础知识、生活照料、日常生活保健与护理、艺术部分、早期教育的意义和早期教育训练。书中内容张弛有度,注重实用性,通俗易懂,便于学员掌握。

本书不但可作为培训教材使用,还可为希望了解相关内容的读者提供参考。

图书在版编目(CIP)数据

家庭婴幼儿成长师:初级/刘洋编著.—哈尔滨:哈尔滨工程大学出版社,2013.1

ISBN 978-7-5661-0482-3

Ⅰ.①家… Ⅱ.①刘… Ⅲ.①家庭教育-技术培训-教材 Ⅳ.①G78

中国版本图书馆 CIP 数据核字(2013)第 002620 号

出版发行 哈尔滨工程大学出版社
社　　址 哈尔滨市南岗区东大直街 124 号
邮政编码 150001
发行电话 0451-82519328
传　　真 0451-82519699
经　　销 新华书店
印　　刷 哈尔滨市石桥印务有限公司
开　　本 787mm×1092mm　1/16
印　　张 12
字　　数 197 千字
版　　次 2013 年 1 月第 1 版
印　　次 2013 年 1 月第 1 次印刷
定　　价 24.00 元
http://www.hrbeupress.com
E-mail:heupress@hrbeu.edu.cn
美好世家　400-0090-500　www.meiyu.com.cn

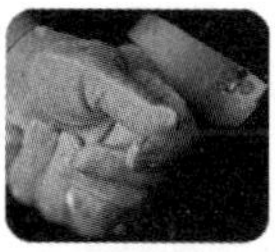

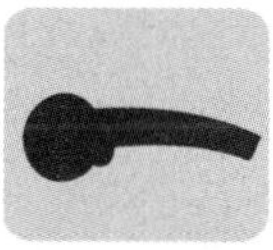

前言

管家一职最早起源于法国中世纪时期，在英国或法国世袭的贵族和有爵位的贵族中，才有资格雇佣管家。管家被认为是奢华生活的标志。随着人们生活水平的不断提高，一些普通的家庭服务人员已经不能满足社会的需求，为适应家庭服务行业向高层次发展的需要及培养市场所需的高级家庭服务人员，美好世家私人管家会所培训部组织编写了本套“中国式管家服务系列培训教材”。

本教材共分 6 个专业，分别为管家、管家助理（初级）、管家服务师（初级）、家庭婴幼儿成长师（初级）、居家养老护理师（初级）、私人厨师。

“中国式管家服务系列培训教材”是目前国内第一套有关管家培训的教科书，本系列由长期从事家庭管理和培训的专业人员组织编写，具有很强的适用性和针对性。书中内容丰富，论据充分，深入浅出，语言生动，易读易懂，力求在最大程度上便于学员学习。

每个家庭都希望自己的孩子聪明、健康，能够赢在起跑线上。目前有 90% 以上的家长为孩子报名学习各种早教机构的课程，但是孩子在家庭生活中往往得不到专业的辅导，不能对早教课程进行温故。家庭婴幼儿成长师就是在这种情况下应运而生的一种职业。他们既能对婴幼儿的日常生活进行照顾，又懂得一些早教知识，使课堂教育与家庭教育相融合。美好世家私人管家会所采用先进的国际早期教育方式，结合现代家政服务理念，以科学喂养、智力开发、良好生活习惯养成、性格塑造、体质锻炼、成长测评及创造健康洁净的成长空间等现代育婴育儿要求为原则，秉承着“质量是生命，用户是上帝”的理念，追求“信誉至上”的道德观，以哈佛多元智能为理论依据，结合蒙特梭利教育思想，对0 至 3岁婴幼儿进行一对一式、家庭式的语言启蒙、潜能智能开发，并根据婴幼儿生理、心理发育特点进行测评，提供个性化智能训练指导计划，使宝宝的自我意识、社会行为等各方面得到良好发展。

美好世家私人管家会所为员工提供充分的发展空间，创造展示自我魅力的舞台，即把个人追求融入企业发展中，使员工在贡献自己价值的同时，一方面为企业创造经济效益，一方面使自己在社会认同和经济利益两方面同时得到更大收获。

由于时间仓促，书中内容难免有不妥之处，恳请广大读者提出宝贵意见。

编　　者
2012 年 8 月

目录

目录

第一部分

婴幼儿成长师礼仪培训

GUANJIA

一、仪容仪表

1. 面容整洁，发型大方

作为一名婴幼儿成长师，在工作时不允许化妆，不允许佩戴易刮伤婴儿的首饰（包括发饰）。

2. 讲究卫生

每个人都应养成良好的卫生习惯，做到入睡前和起床后洗脸，睡前洗脚，早晚勤刷牙，经常洗头、洗澡，讲究梳理勤更衣。不要在人前打扫个人卫生，如剔牙齿、挖鼻孔、挖耳朵、修指甲、搓泥垢等，这些行为都应该避开他人进行。否则，不仅不雅观，也不尊重他人。与人谈话时应保持一定距离，声音不要太大，不要对人口沫四溅。

3. 表情微笑，和蔼可亲

二、言谈

婴幼儿成长师在与人交谈时应吐字清晰，声音柔美，音量适中，正视对方。

三、仪态

1. 站姿

身体与地面垂直，重心放在两个前脚掌上，挺胸收腹，收颈，抬头，双肩放松，双臂自然下垂或在体前交叉,眼睛平视,面带微笑。

2. 坐姿

腰背挺直,肩放松,女性应双膝并拢,双手自然放在膝盖上或椅子扶手上。在正式场合,入座时要轻柔和缓,起座要端庄稳重,不可猛起猛坐,更不可弄得桌椅乱响。

3. 走姿

走路时要轻而稳,胸要挺,头要抬,肩放松,两眼平视,面带微笑,自然摆臂。

四、餐桌礼仪

吃饭时要文雅,闭嘴,细嚼慢咽,不要发出声音或咂嘴。嘴内有食物时,切忌讲话。剔牙时,要用手或餐巾遮住口。

五、与客户见面礼仪

与客户见面首先要做到遵时守约。见面后向对方微笑,点头示意,得到回应后介绍自己的姓名、身份、经历等。

第二部分

职业道德

GUANJIA

道德是调整人们之间以及个人与社会之间关系的一种特殊行为规范的总和。道德的构成有两个方面，一是道德观念，二是行为规范。道德在调整人们行为时，采用的手段是社会舆论、传统习惯和内心信念，评价的标准是善恶。

职业道德是指从事一定职业的人，在工作或劳动过程中，所应遵循的与其职业活动紧密联系的行为规范的总和。

第一节　婴幼儿成长师的职业道德规范

0～3岁是人体生长和智力发育最快速的时期，这段时期对人一生的生长发育、身体素质、智力和人格发展都将产生重要的影响。

婴幼儿成长师的道德建设主要体现在履行社会公德、职业道德行为、家庭美德建设以及个人修养上。婴幼儿成长师是以育人为工作对象的特殊职业，其工作质量的优劣、工作水平的高低，直接关系到婴幼儿成长、家庭的幸福、国家的前途和民族的命运。“正人先正己”，做人是做事的基础，具有高尚品质的人才能从事这一崇高神圣的职业。婴幼儿成长师要根据自己的条件和角色来规范自己的行为，努力成为一个对社会和国家有贡献的人。

一、爱岗敬业，喜爱、尊重儿童

婴幼儿成长师的工作职责是在家庭中照料0～3岁的婴幼儿，其目的是使婴幼儿在体、智、德、美诸方面得到全面发展。

喜爱儿童必须了解儿童，掌握儿童在不同年龄阶段的生理、心理和行为特点，根据儿童的生长发育规律给予科学的教育和指导。

尊重儿童是尊重儿童生存和发展的权利，尊重儿童的人格和自尊心，用平等和民主的心态对待每一个儿童，满足儿童的合理要求。

二、遵纪守法,诚实守信

遵纪守法是做好育婴工作的前提。诚实守信是做人的根本,是中华民族的传统美德,也是优良的职业作风。诚实是在职业活动中调节从业人员与工作对象之间关系的重要行为准则,也是劳动者必须遵守的职业道德的基本规范。

婴幼儿成长师是直接为婴儿、家长和社会提供服务的窗口行业,所以必须用真诚的态度对待工作。无论是对襁褓中的婴儿还是对家长都要以诚相待,多为他人着想,以诚实守信的道德品质赢得社会和家长的信任。

婴幼儿成长师是用现代教育理念和科学方法对0~3岁婴幼儿进行生活照料、护理和教育的专业人员,其思想观念、工作态度的正确与否和能力水平的高低,将直接决定和影响到婴幼儿的生长发育、教育质量和社会效果。

第二节　婴幼儿成长师职业前景分析

据统计,我国目前有1 800多种职业,新兴职业有逐年增加的趋势。婴幼儿成长师的出现是社会分工越来越精细的结果。

- 我国每年新生人口2 000万左右,由于社会经济发展水平等各因素的制约,3岁以下的婴幼儿入托率较低,90%以上的婴幼儿在家中进行教育。

- 承担照料婴幼儿的人多数是家中的老人或聘请的保姆,其年龄、文化水平参差不齐,缺少科学喂养的专业知识和正确的教育方法,难以满足婴幼儿生长发育的需要。

- 我国独生子女比重较大,家长望子成龙、望女成凤的愿望非常迫切,需要在思想观念和教育方法上给予正确的引导和帮助。

- 科学飞速发展使脑功能的开发提前到0岁。

未来社会对人才的需求，使早期教育越来越受到国内外的重视和关注，已成为实现社会可持续发展的一项战略任务。

在上述条件和背景下，育婴工作成为一种新的职业。

育婴工作既不同于家庭保姆，也有别于托幼机构中的保育员。婴幼儿成长师是在家庭中为0~3岁婴幼儿综合发展提供全方位指导和服务的专业人员，承担着一种社会责任。

随着婴幼儿成长师职业标准的实施和普及，只有婴幼儿成长师这样通过严格培训的专业从业人员才能为广大婴幼儿家庭提供专业的服务。据悉，具有专业经验的婴幼儿成长师，每月工资至少在1 800元以上，初级婴幼儿成长师也要在1 200元以上，提供24小时服务的报酬更高。一般的高级婴幼儿成长师月收入在四五千元左右，而对于经验丰富的婴幼儿成长师来说，月收入上万元已不足为奇。据一位业内人士透露，现在婴幼儿成长师收入呈直线上升趋势。在我国发达地区，如上海，婴幼儿成长师月薪已超过5 000元。而且早期教育正规化发展，婴幼儿成长师的社会地位将比幼儿教师的地位更高，从事本职业的人员素质要求也越来越高。

当代中国社会的主流价值观主张女性要内外兼顾，工作家庭两不误。大部分女性除了必须在工作上努力与男性竞争外，在家庭中还要承担大部分家务。尽管社会的半数成员是女性，而女性对社会和家庭的贡献可以说已超出男性。20世纪90年代以来，失业者中下岗女工越来越多。回归家庭的女性尽管不再外出辛苦工作，但心理压力和痛苦却成倍增加。婴幼儿成长师这一新兴职业使广大妇女可以获得较高的经济收入，从而提高她们在家庭中的地位。从生理角度来看，女性不宜从事重体力劳动，而女性的温柔细腻以及博大的爱心却是婴幼儿成长过程中所必需的，这也是女性从事这一职业的最大优势所在。婴幼儿成长师工作地点在客户家中，没有风吹雨淋之苦，并且有美好世家作为后盾，大大提高了这一行业的安全程度。

美好世家的家庭婴幼儿成长师，学习现代高级家政服务理念，按照科学喂养、智力开发、良好生活习惯养成、性格塑造、体质锻炼、成长测评及创造洁净成长空间等现代育婴育儿方法，在早期教育方面对0~3岁婴幼儿进行语言启蒙，潜能、智能开发训练指导，以哈佛多元智能理论为依据，结合蒙特梭利教育思想，对婴幼儿进行一对一个性化教学,在教学的同时也提高婴幼儿成长师的自身素质和文化水平。

综上所述,婴幼儿成长师职业将是一个工作环境较好,收入较高,受社会尊重,具有可持续发展的职业。

第三节　婴幼儿成长师绩效考核

一、绩效考核的目的

(1)促进企业的经济效益;

(2)决定员工的报酬;

(3)评价员工的工作态度;

(4)为未来的培训提供依据;

(5)提升婴幼儿成长师的个人素质及工作水平。

二、绩效考核的内容

1.工作态度

(1)立足本行,积极向上;

(2)主动学习,不耻下问;

(3)执行计划,从不懈怠;

(4)积极与督导人员配合;

(5)遵守上级指示。

2. 能力

能力考核是了解婴幼儿成长师在哪些方面存在欠缺，哪些方面需要在今后培训中加强的一种途径，主要考核内容包括以下几个方面：

（1）婴幼儿营养餐的添加与制作；

（2）婴幼儿生活照料，包含三浴、二便、睡眠、意外疾病的预防与护理；

（3）婴幼儿启智，根据婴幼儿测评情况考核；

（4）与客户沟通，即指与客户关系是否融洽。

3. 对企业和客户的责任感

这一点主要考查婴幼儿成长师在个人利益与企业利益或客户利益冲突时是否以企业和客户利益为重。

第四节　婴幼儿成长师工作规范

婴幼儿成长师工作规范内容如下：

（1）上班时间一般从早 8 点到晚 5 点 30 分，或依客户要求，不迟到不早退；

（2）自备物品有拖鞋、工作服、餐具、洗漱用品、睡衣等日常生活用品；

（3）必备资料有出勤表、保教计划和观察日记；

（4）事假、病假遵照《美好世家公司劳动条例》；

（5）上岗期满结束后第一天必须向公司报到；

（6）上岗工作时不得闲谈、打私人电话、看电视、串岗等；

（7）时刻注意宝宝人身安全，工作时婴幼儿要时刻在成长师的视线范围内，如有特殊情况需要离开，要将婴幼儿交给可靠人员照看并交代清楚注意事项；

（8）在制作营养餐时保证食品卫生安全；

（9）婴幼儿物品要摆放整齐，室内通风良好；

（10）婴幼儿物品和用具要定期消毒；

(11)入户后要先换鞋、洗手、换工装;

(12)勤剪指甲,不得佩戴项链、戒指、耳环,衣服上不得有易于刮伤婴幼儿的扣子、装饰物等;

(13)每周至少洗三次头发,洗两次澡,搞好个人卫生;

(14)不得吸烟、饮酒;

(15)注意个人形象,不在人前挖鼻孔、剪指甲、挖耳朵、打哈欠、搓泥垢等;

(16)密切配合督导人员的工作;

(17)积极响应公司号召,当个人利益与客户利益冲突时以大局为重;

(18)遵守"美好十点",即说话轻一点,做事多一点,关心多一点,行动快一点,度量大一点,嘴巴甜一点,微笑露一点,理由少一点,脾气小一点,效率高一点;

(19)入户后做到"三轻",即走路轻,说话轻,操作轻;"四勤",即眼勤(勤观察婴幼儿身体状况、情绪状况、饮食起居状况),嘴勤(勤问,勤与家长沟通,勤向家长汇报,勤与婴幼儿说话,勤给婴幼儿唱儿歌、讲故事),手勤(勤给婴幼儿清洁个人卫生,勤给婴幼儿的餐具、玩具、物品消毒,勤打扫婴幼儿的卧室),腿勤(勤带婴幼儿到户外活动);"五不",即不透露婴幼儿家庭的个人隐私,不介入婴幼儿家庭私事和琐事,不调节婴幼儿家庭纠纷,不闲聊与工作无关的话题,不与婴幼儿家庭有经济往来;

(20)严格执行保教计划,忠于职守。

第三部分

基础知识

GUANJIA

0～3 岁是一个人身心发展的关键时期，也是智力发展的奠基时期，做好育婴工作，必须学习和掌握0～3 岁婴幼儿生长发育的特点和规律。

第一节　0～3 岁婴幼儿解剖及生理发育特点

一、婴幼儿生长发育的过程

1. 发展的定义

发展是指个体从有生命开始，受遗传、环境、学习等因素影响，进行有顺序的、连续的、阶段性的、渐进的、有方向性的、由分化到完整的生理、心理变化的过程。

2. 婴幼儿发展变化的特征

（1）大小的变化。大小的变化包括生理和心理变化两个方面。

生理方面：身高、体重、器官的增长。

心理方面：语言词汇、记忆力、认知、推理和社会交往能力的不断提高。

（2）比例的变化。婴幼儿的身心发展有其独立的特征，婴幼儿并不是一个缩小的成人，所以在比例上也有明显的变化。例如，胎儿头占身长的二分之一，婴儿的头占身长的四分之一，成人的头占身长的八分之一。

3. 发展的任务

婴儿在成长过程中，需要在社会环境中有不同的表现行为，在不同的发展阶段寻找合适的角色，为实现这个过程，就要完成以下发展任务：

（1）学习走路；

（2）学习食用固体食物；

（3）学习说话；

(4)学习控制排泄机能;

(5)学习认识自身器官和有关性别的行为;

(6)学习与人交往和控制情绪;

(7)学习判断是非;

(8)完成生理机能的稳定;

(9)形成社会与个体的简单概念。

4. 婴幼儿发展的主要特点

(1)年龄越小,生长速度越快。婴幼儿期的发展速度是最快的,但生长速度不是直线上升,而是有阶段性的。如新生儿时以天为计算单位;1~3个月时以周为计算单位;4~6个月时以3个月为计算单位;6~12个月时以半年为计算单位;1~3岁时以年为计算单位。

(2)婴幼儿生长发育有一定的顺序和方向,不能越级发展。如婴儿阶段身体和运动机能的发展遵循从头到足的规律。

(3)婴幼儿时期要完成从自然人到社会人的转变,从一个毫无生活自理能力的自然人,初步转变为能适应社会生活的社会人。

5. 年龄阶段的划分

联合国儿童基金会将儿童期定为1~18岁。根据我国的生活条件和教育情况,一般把人从出生到成熟之间的发展过程分为乳儿期、婴儿期、学前期、学龄期、少年期和青年期6个阶段。

0~3岁统称为婴儿期,也可细分为新生儿期(0~1个月)、乳儿期(0~1岁)、婴儿期(1~3岁)。

儿童的每个年龄阶段都有相对稳定的独立特点。如新生儿期主要是适应外界生活的时期,身体每天都会有变化;乳儿期是需要成人照料较多的时期;婴儿期是学会走路、说话、开始独立活动的时期。儿童在每个年龄阶段的特点各不相同,但又互相联系;每个时期既有明显的差别,又不能截然分开。由一个年龄阶段过渡到下一个年龄阶段，各方面的发展既有一定顺序，又不完全等同。

二、婴幼儿解剖及生理发育特点

1. 呼吸系统——气体交换站

（1）婴幼儿呼吸系统解剖特点

呼吸系统常以喉部环状软骨下缘为界，分为上、下呼吸道。上呼吸道包括鼻及鼻旁窦、咽及咽鼓管、喉等；下呼吸道指气管、支气管、毛细支气管及肺泡。

①鼻。婴幼儿鼻腔相对短小而窄，鼻黏膜柔嫩并富有血管，感染时鼻黏膜充血肿胀，致使鼻腔狭窄，甚至闭塞。婴幼儿不会张口呼吸，鼻塞会导致其烦躁不安、呼吸困难和据抗吮乳。

②泪管和咽鼓管。婴幼儿鼻泪管短，开口接近于内眦部，其瓣膜发育不全，因而鼻腔感染常易侵入结膜囊引起炎症。婴幼儿的咽鼓管较宽，并且直而短，呈水平位，而鼻咽腔开口处较低，故咽部炎症易侵入中耳，引起中耳炎。

③喉。小儿喉部相对较成人长，为漏斗形，富有血管及淋巴组织，易发生炎性肿胀。由于喉腔及声门部较狭小，轻度炎症或水肿时，容易发生呼吸困难。

④气管、支气管。婴幼儿的右侧支气管较垂直，因此异物较易进入右侧支气管。婴幼儿气管及支气管管腔相对较成人狭窄，软骨柔软，缺乏弹力组织，黏膜极其柔弱，富于血管。由于黏液腺分泌不足而使气管腔内较干燥，黏膜纤毛运动性差，不能很好地清除微生物及黏液，易发生感染。

⑤肺脏。在新生儿时期，气管、支气管和毛细支气管壁层均相对较薄，肌肉及结缔组织较少，以后发育主要为肌肉组织的增加使管壁增厚。婴幼儿肺脏富有结缔组织，弹力组织发育差，血管丰富而含血量较多，含气量较少，肺间质发育旺盛，肺泡数量较少，感染时易被黏液堵塞引起炎症，并易发生肺部胀、肺气肿等疾病。

⑥胸廓。婴幼儿胸廓较短，前后径相对较长，呈圆筒状，肋骨呈水平位。由于胸

腔较小,因此肺脏相对较大,几乎填满整个胸腔,以后随着年龄增长,婴儿开始站立、行走,膈肌下降,肋骨逐渐倾斜,胸部形状才逐渐接近成人。

(2)婴儿呼吸系统生理特点

①上呼吸道具有调节吸入空气的温湿度的作用。上呼吸道黏膜有丰富的毛细血管网,呼吸时能使吸入的冷空气加温接近体温,还可以使空气先加湿再进入下呼吸道。

②黏膜纤毛的清除作用。支气管以上部位的黏膜上皮细胞,均有纤毛运转系统,具有清除功能。对防止感染,维持正常功能具有重要作用,一旦有微生物或颗粒吸入,呼吸道可利用纤毛的摆动使其排出体外。

③肺回缩力的特点。婴幼儿肺回缩力与胸廓回缩力较成人小,故肺处于膨胀状态,若需氧量增加,缓冲气量较少,易发生换气不足。

2. 心血管系统——人体内的运输管道

(1)婴幼儿心血管系统解剖特点

①心脏。婴幼儿时期心脏体积相对较成人大,但其与身体的比例随年龄增加而下降。新生儿心脏约20~25克,1~2岁达到60克,较新生儿时期增加两倍多。出生后第一年心脏增长最快,7~9岁及青春期时增长速度再次加快。

②大血管。新生儿大血管的弹力纤维少,故弹力不足,以后血管壁增厚,弹力纤维增多,12岁时大血管的发育成熟度开始与成人相同。

(2)婴幼儿心血管系统生理特点

婴幼儿出生时心脏的迷走神经发育尚未完善,交感神经占优势,故迷走神经中枢紧张度较低,对心脏抑制作用较弱,而交感神经对心脏作用较强;至5岁时,心脏神经系统开始具有成人的特征;10岁时完全成熟。人的年龄越小,心律及血流速度也越快。婴幼儿血液循环时间平均为12秒,学前期儿童需15秒,以后则需18~20秒。

3. 消化系统——人体的食物加工厂

婴幼儿正处于生长发育阶段,所需要的总能量相对较成人多。但此时消化器官发育尚未完善,如胃肠道受到某些轻微刺激,容易发生机能失调。

（1）口腔。婴幼儿口腔容量小，口腔浅，舌短宽而厚，唇肌及咀嚼肌发育良好，牙床宽大，颊部有坚厚的脂肪垫，这些特点为吮吸动作提供了良好条件。新生儿出生时已具有吸吮和吞咽反射，出生后即可开奶。新生儿及婴儿口腔黏膜非常细嫩，血管丰富，易于受伤，清洁口腔时需谨慎擦洗。婴儿唾液腺发育差，唾液分泌量少，口腔干燥，出生后 3 ~ 4 个月唾液分泌开始增加，5 ~ 6 个月显著增多，由于口底浅，故常发生流涎。

婴幼儿出生时乳牙尚未萌出，不能咀嚼食物，4 ~ 10 个月开始出牙，2 岁左右长齐，共 20 颗。乳牙的生长一般是先从中间两颗开始长出，然后是两侧萌出（表3 – 1）。

表 3 – 1　婴幼儿乳牙出牙顺序

乳牙分类		萌出时间/月龄	牙数/颗	乳牙总数/颗
中切牙	下牙	6 ~ 8	2	2
	上牙	9 ~ 10	2	4
侧切牙	下牙	9 ~ 10	2	6
	上牙	10 ~ 12	2	8
第一乳磨牙		12 ~ 14	4	12
尖牙		16 ~ 18	4	16
第二乳磨牙		20 ~ 30	4	20

乳牙牙釉质薄，牙本质较松脆，容易被腐蚀形成龋齿。一旦发生龋齿，发展较快，在短时间内可穿透牙髓腔，引起疼痛。

（2）食管。婴儿的食管呈漏斗状，黏膜纤弱，腺体缺乏，弹力组织及肌层尚不发达，容易溢乳。

（3）胃。婴儿胃呈水平位，当开始会走时，其位置逐渐变为垂直。由于新生儿胃容量有限，故每日喂食次数较年长儿多。胃平滑肌发育尚未完善，在充满液体食物后易使胃扩张，吮吸时常吸入空气，成为生理性吞气症。

（4）肠。新生儿肠的长度约为身长的 8 倍，婴儿超过 6 倍，而成人仅为身长的 4 倍。婴儿的肠黏膜细嫩，富有血管和淋巴管。小肠的绒毛发育良好，肠肌层发育差，肠细膜柔软而长,黏膜下组织松弛,易发生肠套叠及肠扭转。婴儿肠壁较薄,其屏障功能薄弱,肠内毒素及消化不全的产物易经肠壁进入血管,引起中毒症状。

(5)胰腺。胰腺对新陈代谢起重要作用,它可分泌胰液,后者进入十二指肠,发挥多种消化酶的作用。数月的婴儿,其胰腺结构发育尚不成熟,缺少结缔组织,但血管丰富。

(6)脾、肝。新生儿肝脏相对较成人肝脏大,到10个月为出生时质量的2倍,3岁时则增至3倍。肝脏富有血管,结缔组织较少,肝细胞小,再生能力强,不易发生肝硬化。

4.泌尿系统——人体的废物处理器

(1)婴儿泌尿系统解剖特点

泌尿系统包括肾脏、输尿管、膀胱及尿道。肾脏不仅是重要的排泄器官,也是维持机体内环境稳定的重要调节器官和内分泌器官。

①肾脏。新生儿肾脏相对较大,出生时两个肾脏约重25克,逐渐增长至成人时达300克。肾脏表面凹凸不平,呈分叶状,位置较低,下端可低至髂嵴以下约第4颗椎水平,故2岁以下婴儿肾脏容易扪及。肾表面分叶约至2~4岁才消失,随着身体长高,肾脏位置逐渐升高,最后达到腰部。

②输尿管。婴儿输尿管较长且弯曲,管壁肌肉及弹力纤维发育不良,容易扩张,并易受压及扭曲导致梗阻,造成尿潴留而诱发感染。

③膀胱。婴儿膀胱位置较高,尿充盈时易升入腹腔,随年龄增长逐渐下降至盆腔内。膀胱黏膜柔软,肌肉层及弹力纤维发育不良,膀胱内压力增高时易出现膀胱输尿管反流而诱发尿道感染。随着年龄增长,此段输尿管增长,肌肉发育成熟,抗反流机制亦随之加强。

④尿道。新生儿女婴尿道仅长1厘米,外口暴露接近肛门,易受粪便污染;男婴尿道较长,但常有包茎,积垢时亦可引起细菌上行性感染。

(2)婴儿泌尿系统生理特点

足月儿出生时肾脏已能有效发挥作用,在一般情况下能够完成肾脏生理机能,但是储备能量差,调节机制不够成熟,在喂养不当、疾病或应激状态下,易出现功能紊乱。婴儿出生后机体内环境的调节主要依靠肾脏维持,随着生理要求的提高,肾功能迅速增长,到 1 岁后各项肾功能按体重或体表面积计算已接近成人水平。

5. 内分泌系统——人体的化学信使

内分泌系统的主要功能是促进和调节人体生长、发育、性成熟和生殖等生命过程。激素是内分泌系统借以调节机体生理代谢活动的化学信使,它们由各种内分泌细胞合成、储存和释放。在人体内,多数内分泌细胞集中形成特殊的内分泌腺体,如脑垂体、甲状腺、甲状旁腺、胰岛、肾上腺和性腺等,但也有些内分泌细胞分散于某些脏器或广泛散布于全身组织中。

6. 运动系统——人体的动力装置

(1)婴儿运动系统的特点

①骨骼生长迅速。婴儿正处于身高迅速增长的时期,其骨骼不断伸长、加粗。同时,骨骼外层的骨膜比较厚,血管丰富,从而有利于儿童骨骼的生长及骨组织的再生和修复。

②骨骼数量多于成人。婴儿骨骼数量比成人多,主要是一些骨骼尚未融合连接成一个整体。成人有些部分的骨骼是一块整骨,而婴儿则是由多块骨骼组成。例如,婴儿的骶骨有 5 块,长大成人后合为 1 块;婴儿的尾骨有 4 ~ 5 块,长大后也合成了 1 块;婴儿有 2 块髂骨、2 块坐骨和 2 块耻骨,到成人就合并成为 2 块髋骨了。

③骨骼柔软易弯曲。婴儿骨骼含骨胶原蛋白等有机物多,骨骼柔软,弹性大,可塑性强,婴儿可以完成许多成人无法完成的动作,如婴儿能吃自己的脚,但同时也很容易出现变形、弯曲。

④头部骨骼尚未发育好。新生儿头部各块骨头之间有很大的缝隙,在颅顶前方和后方有两处仅有一层结缔组织膜覆盖。婴儿的骨缝要到 4 ~ 6 个月才能闭合。

⑤脊柱的生理弯曲。婴儿出生时脊柱是直的,弯曲是随着动作发育逐渐形成的。一般婴儿在 3 个月抬头时出现颈曲,6 个月能坐时出现胸曲,10 ~ 12 个月学走

时出现腰曲。7 岁时形成的弯曲还不是很固定,当儿童躺下时弯曲可消失,7 岁后随着韧带发育完善,弯曲才固定下来。

⑥腕骨的钙化。出生时婴儿的腕部骨骼均是软骨,6 个月才逐渐出现骨化中心,10 岁左右腕骨才全部钙化完成。因此,婴儿的手部力量小,不能拿重物。

⑦关节发育不全。婴儿关节窝浅,关节韧带松弛,容易发生关节脱臼。

⑧足弓尚未形成。婴儿的脚没有脚弓,到了站立和行走时,才开始出现。由于婴儿的肌肉力度小,韧带发育不完善,长时间站立、行走或经常不活动可导致脚底肌肉疲劳,韧带松弛,出现扁平足,影响行走和运动。

⑨肌肉力量小。婴儿肌肉纤维细,肌肉力量和能量储备少,肌肉收缩力较差,容易发生疲劳,不能负重。

⑩肌肉发育有一定顺序。婴儿的肌肉发育是按照从上到下、从大到小的顺序进行的。先发育颈部肌肉,然后是躯干,最后是四肢;先发展大肌肉群,如腿部、胳膊,再发展小肌肉群,如手部小肌肉。因此,婴儿先学会抬头、坐、立、行、跑、跳等大动作,手部的精细动作要到 5 岁左右才能完成。

7. 神经系统——人体的指挥中心

(1)婴儿神经系统的特点

①脑发育迅速。婴儿大脑发育十分迅速,脑质量增长很快。通常,刚出生时新生儿脑质量平均为 350 克,1 岁时可达 950 克,6 岁就接近成人水平,达 1 200 克。

②大脑功能发育不全。婴儿的大脑尚未完全建立起各种神经反射,所以在运动、语言、思维等各方面的能力都不及成人。6 岁儿童的大脑在质量上已接近成人水平,但功能仍不完善,需要用大量的信息刺激,来帮助婴儿建立起各种感觉通道。

③神经无髓鞘。髓鞘是指包裹在某些神经突起外面的一层类似电线绝缘体的磷脂类物质,它可以使人的动作更准确。刚出生时婴儿的神经细胞缺乏髓鞘,因此婴儿在做许多动作时不精确。

④大脑易兴奋,易疲劳。婴儿大脑皮层发育不完善,兴奋占优势,抑制过程形成缓慢。婴儿大脑对外界刺激非常敏感,很容易兴奋,因此,婴儿容易激动,注意力不

能持续集中，不能长时间做一件事，容易疲劳。

⑤小脑发育晚。婴儿出生时脑干、脊髓已发育成熟，但小脑发育较晚，3 岁左右婴儿的小脑功能才逐渐完善。因此，1 ~ 3 岁的婴儿平衡能力差，走路不稳，动作协调性比较差，容易摔跤。

⑥植物神经发育不全。婴儿植物神经发育不好，表现在内脏器官的功能活动不稳定，如婴儿的心跳和呼吸频率较快，节律不稳定，胃肠消化功能容易受情绪影响。

8. 感觉系统——人体与外界沟通的途径

（1）皮肤的特点

①保护功能差。婴儿皮肤细嫩，角质层薄，真皮层的胶原纤维和弹性纤维较少，细菌容易入侵，皮肤保护功能差，易感染。

②代谢活跃。婴儿皮肤新陈代谢快，分泌物多，需要经常清洗，不及时清洁容易长疖子。

③体温调节能力差。婴儿皮肤薄嫩，渗透作用强，一些有害物质很容易通过皮肤被机体吸收，引起中毒。

（2）眼睛的发育特点

①眼睛发育不良。5 岁前的儿童由于眼睛发育不良，眼球前后径短，物像往往落在视网膜后面，容易造成儿童的生理性远视。

②眼睛调节能力强。婴儿的晶状体弹性好，调节能力强，尽管是生理性远视，但对于较近的物体仍能看得比较清楚。

③眼睛容易近视。婴儿由于远视，看近物体时需收缩睫状体使晶体突出，长时间看近物，容易造成睫状体疲劳，眼睛调节能力下降，晶状体凸度增大，使物像聚焦在视网膜前，看不清远物。

（3）耳的发育特点

①耳咽管短、平。人体中耳内有一管道与咽部相通，称为耳咽管。婴儿的耳咽管短，管径宽，呈水平状态，上呼吸道的细菌、病毒等病原体十分容易从耳咽管进入

中耳,引发中耳炎。

②对噪音敏感。婴儿对噪音比较敏感,当噪音达到60分贝时,就会影响睡眠和休息。

第二节　0~3岁婴幼儿心理发展特点

一、婴幼儿心理发展过程

婴幼儿心理发展既是一个连续的过程,又是一个可以划分出年龄阶段的过程。

1. 发展的连续性及年龄阶段性

发展的连续性是指婴儿心理发展是一个不可中断的过程,而且这一过程有其自身的逻辑发展顺序;发展的年龄阶段性是指在婴儿心理发展的全过程中,表现出一些在质量上不同的年龄阶段特点,每一年龄阶段都有其最一般、最典型的特征,以区别于其他阶段。

2. 婴儿心理发展年龄阶段的稳定性和可塑性

婴儿心理发展的每一年龄阶段特点,都具有相对的稳定性。由于所处时代不同,社会和教育条件不同,身心成熟状态不同,心理发展的变化也表现出一定的可塑性。从前一阶段向后一阶段过渡的时间可能略有早晚,但阶段不能跳跃,顺序是一致的。在每一阶段,各种心理发展变化的过程或速度也会有个体差异,但差异是在量的水平上,而不是在质的水平上。

3. 婴儿心理发展是整个儿童心理发展的早期阶段

婴儿时期是心理发展和生长发育最快的时期。例如,婴儿出生时还不会说话,到3岁左右,已经可以说出和理解1 000多个词汇;新生儿脑重只有350~400克,

3 岁时已达1 000克左右;新生儿主要靠感官认识周围世界,3 岁时不仅有了相当的观察、记忆和思维能力,而且情绪和情感也大大丰富了。

二、婴幼儿心理发展特点

0 ~3 岁婴儿心理发展包括很多方面,其中感知觉能力、记忆能力、思维能力、想象能力、交往能力、注意特性、情绪和情感特点、意志特征、气质特点、自我意识水平等都是发展的重要方面。与上述诸多方面密切相关的语言发展状况、动作和行为发展状况对儿童心理的发展也有重要作用。

1. 感知觉能力的发展

感觉能力和知觉能力是两种不同的能力,但又密切相关。感觉是反映当前客观事物个别属性的认识过程,例如物体的声、色、冷、软、硬等。知觉是反映当前客观事物整体特性的认识过程,它是在感觉基础上形成的。

(1)感觉能力的发展

新生儿凭借完好的感觉器官最先发展起各种感觉,最早出现的是皮肤感觉,其后逐步表现出敏锐的嗅觉、味觉、视觉和听觉。

(2)知觉能力发展

婴儿半岁左右能够坐起来的时候,可以较好地完成手协调的活动。在视觉的调解下,手在视野范围内完成操作、摆弄物品的活动,这是利用知觉能力综合认识物品的特性。一直到 3 岁左右,都是各种知觉能力飞快发展的时期。

(3)记忆能力发展

5 ~6 个月的婴儿可以认识并记住自己的妈妈,但需要在反复出现的情况下才可以记住。12 个月的婴儿有了初步的回忆,能找到被藏在已知地点的物体。1 岁以前以机械记忆为主导地位,但这种记忆有很大的潜能。1 ~2 岁的婴儿主要凭兴趣认识并记住自己喜欢的事物,记忆过程缺乏明确的目的。随着语言能力的发展,婴儿认识事物表象的积累和稳定性增强，开始形成主动提起眼前不存在的客观事物的意向。0～2 岁的婴儿都是以无意记忆为主。

(4)思维能力发展

0～1 岁是婴儿思维方式的准备时期，凭借手摸、体触、口尝、鼻闻、耳听、眼看发展起感觉，属于感知动作思维。所谓感知动作思维，是指思维过程离不开直接感知的事物和操纵事物的动作的思维方式。婴儿只有在直接摆弄具体事物的过程中才能思考问题。

(5)想象能力发展

周岁之前的婴儿虽然可以重现记忆中的某些事物，但还不能算是想象活动。1～2岁的婴儿，由于个体生活经验不足，头脑中已存的表象有限，而表象的联想活动也较差，再加上言语程度较低，所以只有萌芽状态的想象活动，他们能够把日常生活中某些简单的行动反映在自己的游戏中。

2. 注意特性的变化

注意可分为有意注意和无意注意。有意注意是一种主动地服从于一定活动任务的注意，为了保持这种注意，需要一定的意志努力。无意注意是一种事先没有预定的目的，也不需要意志努力的注意。3 个月左右的婴儿可以比较集中注意于某个感兴趣的新鲜事物；5～6 个月时能够比较稳定地注视某一物体，但持续的时间很短；18 个月的婴儿能集中注意力 5～8 分钟；21 个月的婴儿能集中注意力 8～10 分钟；2 岁的婴儿能集中注意力 10～12 分钟；2 岁半的婴儿能集中注意力 10～20 分钟。0～3岁阶段，婴儿的无意注意占主导地位，有意注意还处于萌芽状态。

3. 人际交往关系的发展变化

婴儿的人际交往关系有一个发生、发展和变化的过程。首先是亲子关系，其次是玩伴关系，再次是逐渐发展起来的群体关系。0～3 岁阶段主要发生的是前两种交往关系。

0～1 岁阶段主要建立的是亲子关系，即婴儿同父母的交往关系。父母是婴儿最亲近的人，也是接触最多的人。在关怀、照顾的过程中，与婴儿有充分的体肤接触、感情展示、行为表现和语言刺激，这些都会对婴儿的成长产生深刻影响。

1 岁以后的婴儿，随着动作能力、言语能力的发展，活动范围扩大，开始表现出强烈的与小伙伴交往的愿望，于是出现玩伴交往关系。玩伴交往关系在人一生的发展中起着至关重要的作用，它不排斥亲子关系，也不能由亲子关系来代替，一个人没有玩伴和朋友，就不会有健康的心理。

第三节　婴幼儿营养知识

人类文明发展到今天，如何吃已不再是随心所欲的个人行为，而是关系到国家强盛、民族兴旺、后代健康的大事。为了避免盲目饮食造成的负面影响，平衡膳食就显得至关重要。

婴儿期是人的一生中生长最快速的时期，此时生长发育迅速，代谢旺盛，如果这一个阶段营养不良，不仅对整个童年时期的体力、智力发育有直接影响，还会对其成年后的身体素质和疾病的发生都产生重要影响。

营养是指机体摄取、消化、吸收、代谢和利用食物中的营养素，以维持生命活动的整个过程。

营养学是研究机体与食物之间的关系的学科，它包含从生物化学到行为科学的各个领域。营养行为包括择食行为、喂养行为、进食行为。

0~3 岁婴儿正处于快速生长发育阶段，营养与婴儿生长发育有密不可分的关系。生长发育越快，所需的营养越多。营养是保证婴儿正常生长发育、身心健康的重要因素。营养供给不足时，可导致营养障碍和缺乏，造成生长迟缓、易患疾病，严重缺乏时还可导致死亡。相反，如果营养长期供给过量，同样会给婴儿生长发育带来不良的影响。

自然事物、均衡膳食、适度喂养、适量摄入是安全营养的重要原则。

一、热能

生命现象因持续不断的能量供应而维持。生长发育是婴儿期特有的生命现象，需要更多的能量供应。生物体的能量来源于自然和周围环境。

热能不是一种营养素，它是食物中的产热营养素在体内代谢过程中释放出的能量，机体依靠这些热能来维持各种生理功能，并从事各项体力活动。食物中的蛋白质、碳水化合物、脂肪是热能的来源，而食物中的无机盐和维生素不能提供热能。

1. 热能的单位与计算

营养学中通常使用“卡路里”作为计算热能的单位。在描述人体对热能的需要和食物提供的热能值时使用“千卡”，国际上推荐使用的热能单位为“焦耳”。食物中的热能一般用“千焦耳”表示，而日摄取量或消耗量用“兆焦耳”表示。

2. 婴儿热能的消耗

一般情况下，热能的摄入与消耗是趋于平衡的。婴儿正处在生长发育的特殊时期，所消耗的能量与自身生长速度成正比。在设计婴儿食谱时，供给量应比满足机体正常生长量的需要略高一些。

婴儿热能的消耗主要体现在基础代谢、食物特殊动力作用、生长消耗、运动消耗四个方面。在总能量需求中，基础代谢占50%，生长消耗占12%，运动消耗占25%，粪便丢失占8%(其中主要是未吸收的脂肪)。

3. 热能的需求与供应

婴儿热能的需求量主要以自身热能的消耗量作为基础。食物中的蛋白质、脂肪、碳水化合物是热能的主要来源，即9%～15%来自蛋白质，45%～55%来自碳水化合物，25%～45%来自于脂肪。

热能的供应量视不同国家的情况而有所不同。中国营养学会、FAO/WHO 及美国推荐量可供参考(见表 3 - 2 ~ 表 3 - 4 所示)。

表 3 - 2　中国营养学会推荐的儿童每日能量供给量

年龄组	能量/kJ
0 ~ 6 个月	-
6 ~ 12 个月	-
1 岁以上	4 602.4
2 岁以上	5 020.8
3 岁以上	5 857.6
5 岁以上	6 694.4
7 岁以上	8 368

表 3 - 3　FAO/WHO 推荐的儿童每日能量供给量(1974 年)

年龄别/岁	体重/kg	能量/kJ
<1	7.3	-
1 ~ 3	13.4	5 690.24
4 ~ 6	20.2	7 656.72
7 ~ 9	28.1	9 162.96

表 3 - 4　美国推荐的儿童每日能量供给量(1980 年)

年龄别/岁	体重/kg	身高/cm	能量需要(范围)/kJ
0 ~ 0.5	6	60	体重 ×481.6(397.48 ~ 606.68)
0.5 ~ 1	9	71	体重 ×439.32(334.72 ~ 564.84)
1 ~ 3	13	90	5 439.2(3 795.6 ~ 7 531.2
4 ~ 6	20	112	71 128.8(5 439.2 ~ 9 623.2)
7 ~ 10	28	132	10 041.(6 903.6 ~ 13 807.2)

二、营养素的基本知识

营养素是指维持人类生存的主要物质。一般来说包括6大类，即蛋白质、脂肪、碳水化合物、矿物质、维生素和水。

目前已知人体必需的营养素约41种，其中包括必需氨基酸9种，必需脂肪酸2种，糖类和水各1种，必需维生素14中，必需微量元素8种，矿物质6种。婴儿必需营养素另外还有牛磺酸和肉碱2种。不同的营养素起着不同的作用，而不同食物含有的营养素也不一样。

（一）蛋白质

1. 蛋白质的作用

（1）蛋白质是构成细胞的基本成分之一。蛋白质构成细胞核、细胞质、细胞器、细胞膜，进而构成组织与器官。婴儿发育迅速，需要大量的蛋白质。

（2）蛋白质构成酶、激素、抗体等生理活性物质，以发挥食物的消化吸收、增强免疫能力等作用。

（3）蛋白质能维持体内环境稳定。酸碱平衡、渗透压平衡等均由蛋白质调节，同时水的维持和分布也受蛋白质影响。

2. 蛋白质缺乏对身体的影响

婴儿缺乏蛋白质将阻碍细胞核组织的正常发育，造成生长发育迟缓，免疫功能下降，严重时可导致酸碱平衡、渗透压平衡失调。蛋白质缺乏所致营养不良严重时会危及婴儿生命。

3. 蛋白质的食物来源和供给量

蛋白质广泛存在于蛋、奶、瘦肉、鱼、豆制品及小麦、大米、干果、玉米等食物中。所以,多样化的膳食结构对于均衡摄取各种不同类型的蛋白质及氨基酸是非常重要的。

表3－5和表3－6分别介绍了婴儿蛋白质的供给量和中国营养学会提出的儿童蛋白质供给量,供大家参考。

表3－5 婴儿每日蛋白质供给量

年龄/岁	体重/kg	身高/cm	蛋白质/g
0～0.4	6	60	13
0.5～1	9	71	14
1～3	13	90	16

表3－6 中国营养学会提出的儿童每日蛋白质供给量

年龄组	蛋白质(g/kg 体重)
1岁以下	2～4
1岁以上	40
2岁以上	40
3岁以上	45

注:母乳喂养按2克/千克体重计算蛋白质需求量,牛奶喂养按3.5克/千克体重计算蛋白质需求量,混合喂养按4克/千克体重计算蛋白质需求量。

(二)脂肪

1. 脂肪的主要生理作用

(1)脂肪能储存热能,随时为人体各项生理活动提供能量。脂肪是体内产生热量最高的热源物质,1克脂肪可产生9卡热量,是蛋白质或碳水化合物氧化产生热量的2.25倍,被称为热能的“金库”。

(2)脂肪能为身体保温。存在于体内各处的脂肪起到隔热保温的作用,同时对各脏器、组织、关节等像“软垫子”一样起到支撑、固定、保护的作用,防止其损伤。

(3)脂肪能促进生长发育。脂肪是构成组织、细胞的主要成分,是婴儿生长发育的重要物质基础,对脑的发育尤为重要。

(4)脂肪能起到溶剂的作用。脂肪能溶解并有助于脂溶性维生素的吸收利用。

(5)含有脂肪的膳食一般比较香,口感好,能增强食欲,并延缓胃排空时间,维持饱腹感,减轻胃肠负担。

2. 脂肪缺乏与过量对身体的影响

脂肪摄入不足会影响大脑发育,引起某些皮肤病(如湿疹)、脂溶性维生素缺乏症及婴儿生长迟缓。脂肪摄入过多会导致消化缓慢,消化不良。体内脂肪储存过多会引起肥胖,增加心脏和其他器官的负担。

3. 脂肪的食物来源和供给量

植物油中所含人体必需脂肪酸较动物脂肪中丰富。动物脂肪中禽类脂肪比猪油所含的必需脂肪酸高,牛、羊油的含量最少。

我国推荐儿童脂肪供给量占每日热能供给量的25% ~30%,婴儿可达每日每千克体重供给脂肪 4 克。植物油比动物油脂好,其含有大量维生素 C(消化率多在95%)。但动物性脂肪中,动物性奶油、鱼油消化率高,富含维生素 A、D,这恰恰是植物油中所缺乏的。

(三)碳水化合物

1. 碳水化合物的主要生理作用

碳水化合物是人体内主要供能物质,是热量的“加油站”,它提供氨基酸在体内合成蛋白质所需的能量,能够促进婴儿生长发育。婴儿摄入碳水化合物不足,则能量供应不足,体内蛋白质合成减少,生长发育迟缓或停滞。神经系统机能活动所需能量全部由碳水化合物提供。

2. 碳水化合物缺乏与过量对身体的影响

碳水化合物缺乏会造成婴儿生长发育迟缓，体重轻，容易疲劳、头晕。

摄入过量的碳水化合物则会转化成脂肪储存，造成肥胖，导致腹泻。如果碳水化合物摄入过多，蛋白质摄入减少，两者比例失调，则造成免疫力降低，肌肉发育差，肌张力低下，表面看上去较胖，但体质较差。

3. 碳水化合物的食物来源及供给量

碳水化合物主要来自谷物类、根茎类食物及白糖。蔬菜、水果中也含有少量果糖、果胶和纤维素。动物类食物含糖量极低，动、植物油类不含糖。

碳水化合物没有推荐摄入量，因为其来源广，取之容易。因饮食习惯，经济文化不同，各地区人口对碳水化合物的摄取量差别甚大。一般认为碳水化合物功能占全日总热量需求的55%～60%，这样的量对儿童膳食安排是合理的。

（四）矿物质

矿物质是人体的重要组成部分，是人体代谢的“管家”，它能维持和调整机体的功能。下面将容易缺乏且对婴儿生长发育影响较大的矿物质、微量元素作重点介绍（没有重点介绍的元素并非是可缺少的）。

钙

1. 钙的主要生理作用

钙是构成人体骨骼和牙齿的重要成分。它可促进血液凝固，参与心脏和肌肉的收缩与舒展，完成神经冲动的传导，维持细胞膜的通透性，对多种酶有激活作用。

2. 影响钙吸收的因素

钙的代谢受维生素 D、甲状旁腺素和降钙素的调节。缺乏维生素 D，将影响钙的吸收。脂肪可与钙结合形成不溶解的钙皂。因此,食物中脂肪过多或脂肪吸收不良将影响钙的吸收。食物中的草酸盐或植酸盐可与钙形成不溶性的、不易吸收的钙盐。因此,菠菜与豆腐同时吃,豆腐中的钙易形成草酸钙,不利于钙的吸收。

3. 钙缺乏对身体的影响

婴儿长期缺钙会使骨骼、牙齿发育不正常,可引起佝偻病和手足抽搐。一般表现是痉挛、关节痛、牙齿疏松不坚硬、骨骼生长缓慢、神经容易兴奋和激动。

4. 钙的来源及供给量

食用奶及奶制品是补充钙质的天然而最有效的途径,且吸收率较高。海产品如虾皮、紫菜等,豆类、蔬菜中的叶菜类钙含量也较高。食物中钙磷比为1:1时钙的吸收率最高。

0~16个月婴儿每日需钙400毫克,7个月时为600毫克,3~9岁为800毫克。一般食物中所含的钙只有10%~30%被人体吸收,仅靠食物中的钙很难满足儿童的需要量。服用钙片对补充钙质有帮助,但吸收率较低。

铁

1. 铁的主要生理作用

铁缺乏时易引起血红细胞减少,产生缺铁性贫血,使体格和智能发育受到影响。当前,婴儿缺铁性贫血在我国较常见,应引起社会关注。

2. 铁的来源及供给量

动物性食物如肝脏、血和瘦肉内含的铁是血红素铁,其含量高,而且最易被人体吸收。豆类、绿叶蔬菜、蛋中的铁含量较高,但属非血红素铁。乳类含铁量最低,但母乳中铁的吸收率最高达50%~80%,对婴儿十分有益。

婴儿对铁的需要量比成人多。新生儿从母体中获得的铁只够维持出生后约

4 个月生长发育的需要。因此，婴儿应及时补充富含铁的食物。9 岁以前每天需补充 10 毫克铁。

锌

1. 锌的主要生理作用

锌是人体内多种酶的组成部分，又是多种酶的激活剂。其具有促进细胞分裂、生长的作用，是促进婴儿生长发育的重要元素。锌对人体味觉功能也起重要作用。

2. 锌缺乏对身体的影响

锌缺乏会引起食欲减退、口味异常、生长迟缓，出现矮小症、性功能发育不良、伤口愈合差等症状，影响智力发展，还可以导致异食癖，如吃土、吃纸等习惯。锌在肉类、动物肝脏等中含量较高。1 岁以内婴儿每日需 3 ~5 毫克锌，1 ~9 岁为 10 毫克。

碘

1. 碘的主要生理作用

碘主要用于制造甲状腺素。碘缺乏会引起甲状腺功能不足（地方性甲状腺肿）、小儿发育迟缓、智力低下等。

2. 碘的来源及供给量

海产品中碘含量高，如紫菜、海带和海盐等。缺碘地区应供应碘化食盐。1 岁以内的婴儿每日需 40 ~50 微克碘，1 ~6 岁需 70 微克。

表 3 -7 中列举了人体生长发育所需的主要矿物质及微量元素的种类和对身体的影响。

表 3－7　人体所需营养情况介绍

营养素	功能	缺乏症状	过量症状	主要来源
钙	构成骨骼、牙齿，供给离子钙，与镇静神经、血液凝结、肌肉收缩与舒张和腺体分泌都有关	佝偻病、手足抽搐症	钙过量可能沉淀磷盐	乳制品、蔬菜等
磷	构成骨骼、肌肉、神经系统，与钙、钾、蛋白质、脂肪等结合，协助糖和脂肪的吸收和代谢，参与缓冲系统，维持酸碱平衡	佝偻病	消耗人体钙质	乳制品、肉、豆、谷等
铁	制造血红蛋白及人体其他铁质化合物，参与氧化作用	缺铁性贫血	饮食含铁过多并无害处	肝、蛋黄、血、红枣、瘦肉、绿色蔬菜、桃、杏、黑李等
锌	构成多种酶，如红细胞交换二氧化碳的酶、小肠的水解蛋白酶等	矮小症、贫血、男性性腺发育不良、食欲不振、味觉差	可见胃肠道症状	初乳、各种食物等
铜	对血红蛋白的形成有触媒作用，是很多酶系统的重要组成成分	贫血、骨骼变脆、心血管功能紊乱、皮下出血等症状	恶心、呕吐、上腹疼痛、急性溶血和肾小管变形等症状	肝、肉、鱼、食盐(一般饮食内不缺)
钾	构成细胞浆的重要成分，调节神经核、肌肉活动，维持酸碱平衡	肌肉无力或麻痹、心电图变化、心脏低弱	心传导阻滞	大多数食物含钾，如橘子、胡萝卜汁、乳制品，肉含钾量特别高(一般饮食内不缺)
碘	制造甲状腺素	甲状腺功能不足	饮食含量无害	海藻类等
镁	构成骨骼、牙齿、细胞浆的重要成分，调节神经和肌肉活动，促进碳水化合物代谢中酶的作用	烦躁、震颤或惊厥，失氧时心肌迅速失镁	饮食含量无害	五谷、豆、肉、乳制品、坚果(如胡桃等)
钴	构成维生素 B_{12} 的成分，存在于血红蛋白中	未明	饮食含量无害，药用过多可致甲状腺肿	广泛存在

表 3－7(续)

营养素	功能	缺乏	过量	主要来源
氟	构成牙齿、骨骼的成分	导致龋齿	牙齿出现斑釉及其他骨骼变化	水、海产品及一般食物(与水土的含氟量有关)
硫	构成细胞蛋白、组织液及辅酶等,调节神经及酶代谢,参加解毒作用	与蛋白质缺乏相关	无害,能从尿排出	蛋白质食物(约含硫 1%)

(五)维生素

维生素是维持人体健康必需的有机化合物,是生命活动的"动力"。作为人体必需的营养素之一,它不能供给热量,也不能作为身体组织的成分,但供给不足或过量,都会对人体造成不良影响,严重时会产生疾病,甚至导致死亡。维生素一般不能在体内合成,它存在于食物中,只需极少量即可满足需要。下面着重介绍以下几种维生素(没有重点介绍的并非是可缺少)。

维生素A(视黄醇)

1.维生素 A 的主要生理作用

维生素 A 能维持正常的视觉功能,维持皮肤、眼睛、口腔、呼吸道、泌尿生殖道的正常生理功能,促进生长发育。

2.维生素 A 的缺乏与过量

维生素 A 缺乏可引起干眼病、夜盲症、角膜溃疡、皮肤干燥、毛发干枯、儿童生长发育迟缓等病症,摄入过量则导致维生素 A 中毒,表现为四肢疼痛、过度兴奋、生长停滞、脱发、婴儿门隆起和颅压增高。

维生素 A 摄入过量的标准与个体的耐受能力和年龄大小有关,差别很大。生活中主要应防止儿童误服维生素 A 片。如要长期服用,一定要根据供给量或严格遵医嘱服用。中毒后应停止服用,一般症状可逐渐消除。

3. 维生素 A 的来源与供给量

维生素 A 存在于动物性食物中,如肝脏、鱼肝油、蛋黄及奶类中含量丰富。橙色或深绿色水果中和蔬菜中含有胡萝卜素,可在人体内转化成维生素 A。高温油炸可导致食物中的维生素 A 损失。

0 ~ 1 岁婴儿每天需要 200 微克维生素 A,1 ~ 4 岁需要 300 ~ 500 微克。

维生素B_1(硫胺素)

1. 维生素 B_1 的主要生理作用及缺乏症

维生素 B_1 缺乏可出现食欲差、精神不振、恶心、呕吐、腹胀,严重者可致惊厥、昏迷,2 ~ 5 个月婴儿可发生猝死。若母乳缺乏维生素 B_1,可引起婴儿脚气病。

2. 影响维生素 B_1 吸收的因素

维生素 B_1 易溶于水,蔬菜煮熟后,大部分维生素 B_1 溶于菜汤中。为保留更多的营养素,米不宜过分淘洗、浸泡。

3. 维生素 B_1 的来源与供给量

猪瘦肉、牛肉、肝脏、粗制谷物食品及豆类中含维生素 B_1 比较丰富,鸡蛋、鱼类和一些新鲜蔬菜如芹菜叶等维生素 B_1 含量也较多。0 ~ 1 岁婴儿每日需要 0.4 毫克维生素 B_1,1 ~ 7 岁儿童每日需要 0.6 ~ 1 毫克。

维生素B_2(核黄素)

1. 维生素 B_2 的主要生理作用及缺乏症

维生素 B_2 缺乏可引起角膜充血和畏光、口唇干裂、口角炎、舌乳头增大、阴囊或会阴发炎及生长发育迟缓等症状。

2. 维生素 B_2 的来源与供给量

一般认为机体不能储存维生素 B_2，若不每天摄取则易患缺乏症。动物内脏、蛋、乳类、绿叶蔬菜、全麦、豆类中维生素 B_2 含量丰富。0～1 岁婴儿每日需要 0.4 毫克维生素 B_2，1～7 岁儿童需要 0.6～1 毫克。

维生素C（抗坏血酸）

1. 维生素 C 的主要生理作用

维生素 C 能促进组织胶原蛋白合成，维持血管、肌肉、骨骼、牙齿的正常功能。大剂量服用维生素 C 对抗感冒、加强伤口愈合、提高应激能力都有一定的作用。婴儿维生素 C 缺乏易患坏血症。

2. 影响维生素 C 吸收的因素

维生素 C 性质极不稳定，受热易氧化，遇光、加热易分解。故牛肉煮沸后维生素 C 含量下降，过度洗涤、长时间储存及用铜、铁等金属炊具加热食物均可导致维生素 C 被破坏，储存、快速冷冻食物亦会破坏维生素 C。所以菜的清洗及加热时间不宜过长，温度不宜过高，水果应随吃随切。

3. 维生素 C 的来源与供给量

维生素 C 广泛存于新鲜水果、蔬菜和植物叶子中。柑橘、鲜枣、山楂、番茄、辣椒、豆芽、猕猴桃及番石榴中维生素 C 含量最丰富。0～1 岁婴儿每日需维生素 C 30 毫克，1～7 岁需 30～45 毫克。

维生素D（钙化醇）

1. 维生素 D 的主要生理作用

维生素 D 能促进钙和磷的吸收，有助于骨骼中钙的沉淀，有利于骨骼钙化，促进牙齿和骨骼的生长。

2. 维生素 D 的缺乏和过量对身体的影响

维生素 D 缺乏是引起儿童佝偻病的主要原因。但长期过量摄入也可造成维生素 D 中毒,症状是厌食、呕吐、腹泻、头痛、嗜睡、多尿、血钙升高等。一般通过食物摄取维生素 D 不会引起中毒,主要应防止反复多次大量肌肉注射。

3. 维生素 D 的来源和供给量

动物肝脏、鱼肝油、禽蛋类食物中维生素 D 的含量较高,奶类中含量不高,但母乳的钙、磷比例适中,钙的吸收率较高,所以母乳喂养的婴儿较少患佝偻病。而牛奶中钙的吸收率较低,所以人工喂养需补充富含维生素 D 的食物。另外,维生素 D 可由人体经紫外线照射后生成,所以日光浴是获取维生素 D 经济可靠的方式。由于紫外线不能穿透衣服和玻璃,所以提供多种户外活动,多接触阳光是有益的。婴儿每天需要 10 微克维生素 D。

维生素E(生育酚)

1. 维生素 E 的主要生理作用及缺乏症

维生素 E 的抗氧化作用可保护细胞膜的稳定性,具有防止细胞老化及被破坏的作用。维生素 E 还和性器官成熟及胚胎发育有关。

2. 维生素 E 的来源与供给量

维生素 E 大量存在于植物胚芽油中,如花生油、玉米油等,绿色蔬菜和豆类中含量也较多。母乳中维生素 E 的含量较牛乳多 6 倍,初乳为成熟乳的 3 倍,特别适合于喂养早产儿。

新生儿尤其是未成熟儿对维生素 E 的需求量大。0 ~ 1 岁婴儿每天需 3 ~ 4 毫克维生素 E,1 ~ 3岁婴儿需 4 毫克,4 ~ 6 岁儿童需 6 毫克。正常情况下,婴儿一般不会发生维生素 E 缺乏症状。

（六）水

1. 水的主要生理作用

水是维持生命的必需物质,也是生命的源泉。它是人体营养物质及代谢产物运输的载体,是维持人体环境和生理活动的载体,同时它还具有调节体温的作用。婴儿每日的交换律比成人快 3 ~ 4 倍,所以婴儿比成人更不能耐受缺水。当婴儿脱水达到体重的 20% 时即有生命危险。

2. 水的缺乏与过量对身体的影响

脱水可造成婴儿代谢紊乱,水电解质平衡失调。摄取水分过多可稀释消化液,引起消化不良,所以饭前、饭后不宜大量饮水,过多水量进入人体可引发水中毒。

3. 水的供给量

1 岁以内婴儿每天每千克体重需水 120 ~ 160 毫升,2 ~ 3 岁为 100 ~ 140 毫升。

三、营养需要

合理营养是指每天有规律地让婴儿按照适当的比例摄取生长发育所需的各种营养素,提供婴儿进行各种活动、维持机体正常生长发育所需的热能。缺乏某种营养素或营养比例失调,都会影响身体健康。合理的营养能够促进婴儿的生长发育,有助于预防急慢性疾病,促进婴儿身心潜能的发展,提高机体应激能力。

此处所推荐的儿童营养供应量（表 3 – 8 ~ 表 3 – 10）对绝大多数儿童而言是足

够的,可以防止营养物质缺乏。在各种食物中母乳能够在较长的时间内提供全部必需的营养素,其他食物则只能提供部分必需营养素。因此,要避免婴儿偏食和挑食,提供膳食多样化,保证必需营养素的摄入量,以维持良好的营养状况。根据季节变化、婴儿活动情况和生理疾病情况还应定期加强某些营养素的供应。

虽然食物可以提供许多营养,但是过度摄入营养和热量与摄入不足都是有害于健康的。儿童期饮食、喂养模式、进食方式和饮食习惯对后期的疾病发生和健康状况都有影响。例如儿童期单纯肥胖症与成人期动脉硬化,冠心病都有关系。

表 3-8 儿童蛋白质每日供应量表

年龄/岁		体重/kg	身高/cm	蛋白质/g
婴儿	0~0.4	6	60	13
	0.5~1	9	71	14
儿童	1~3	13	90	16
	4~6	20	112	24
	7~10	28	132	28
男	11~14	45	157	45
	15~18	66	176	59
女	11~14	46	157	46
	15~18	55	163	44

表 3-9 儿童脂溶性维生素每日供应量表

年龄/岁		脂溶性维生素		
		A/pg	D/pg	E/mg
婴儿	0.0~0.4	375	7.5	3
	0.5~1.0	375	10	4
儿童	1~3	400	10	6
	4~6	500	10	7
	7~10	700	10	7
男	11~14	1 000	10	10
	15~18	1 000	10	10
女	11~14	800	10	8
	15~18	800	10	8

表 3－10 儿童水溶性维生素每日供应量表

年龄/岁		水溶性维生素			
		烟酸/mg	B_6/pg	叶酸/mg	B_{12}/pg
婴儿	0.0～0.4	5	0.3	25	0.3
	0.5～1.0	6	0.6	35	0.5
儿童	1～3	9	1.0	50	0.7
	4～6	12	1.1	75	1.0
	7～10	13	1.4	100	1.4
男	11～14	17	1.7	150	2.0
	15～18	20	2.0	200	2.0
女	11～14	15	1.4	150	2.0
	15～18	15	1.5	180	2.0

表 3－11 儿童矿物素每日供应量表

年龄/岁		矿物质						
		钙/mg	磷/mg	镁/mg	铁/mg	锌/mg	碘/mg	硒/mg
婴儿	1.0～0.4	400	300	40	6	5	40	10
	0.5～1.0	600	500	60	10	5	50	15
儿童	1～3	800	800	80	10	10	70	20
	4～6	800	800	120	10	10	90	20
	7～10	800	800	170	10	1	120	30

四、膳食评价与营养行为

婴儿处于生长发育过程之中，营养状况是评价其健康水平的重要指标。对婴儿进行营养状况评价的目的，在于了解婴儿每天所摄食的各种营养素中所具有的热能与机体的代谢消耗之间是否达到适宜的平衡。

营养状况评价包括膳食调查结果评价、体格检查结果评价和健康检查。

所谓平衡膳食，一是指各类食物平衡，二是指膳食中各种营养素的平衡。平衡膳食是由多种食物构成的,不仅能够提供足够数量的热能和各种营养素,满足机体正常的需要,而且还能保持各种营养素之间的数量平衡,以利于它们在人体内的吸收和利用,达到合理营养的目的。

合理的膳食应当遵循热卡适宜、营养素均衡、自然食物、价廉物美的原则。

第四节　婴幼儿饮水知识

一、学习目标

掌握不同年龄婴幼儿喝水的知识与方法。

二、相关知识

水是生命的源泉,是排在首位的人体必需的营养素,具有极为重要的生理功能。

水是细胞的主要成分。人的年龄越小,体内的脂肪组织越少,水分的比例越大。婴儿体内的水含量约为体重的70% ~75%,健康婴儿每天水的消耗量约为体重的10% ~15%。

水能调节体温,缺水时产热和散热将失去平衡。

水可以促进体内新陈代谢,人体的消化、吸收、排泄都离不开水。

表3 -12 列出了正常儿童需水量,供大家参考。

表3 -12　正常儿童水需要量

年龄/岁	平均体重/kg	24 小时水总摄入量/mL	24 小时每千克体重水摄入量/mL
1	9.5	1 150 ~1 300	120 ~135
2	11.8	1 350 ~1 500	115 ~125
4	16.2	1 600 ~1 800	100 ~110

表 3－12(续)

年龄/岁	平均体重/kg	24 小时水总摄入量/mL	24 小时每千克体重水摄入量/mL
6	20.2	1 800～2 000	90～100
10	28.7	2 000～2 500	70～85
14	45.0	2 200～2 700	50～60
18	54.0	2 200～2 700	40～50

三、工作内容

喝水是人生存的需要，理想的水是符合卫生要求，且充足、价廉的白开水。

给婴儿准备适宜的温开水，温度为 35～40 ℃左右。天冷时喝温白开水，天热时可饮用凉白开水，但不要喝冰水。

以白开水为主，可以添加一些自制饮料，如绿豆汤、酸梅汤等。还可以把含水分较多的水果榨成汁，如西瓜汁、番茄汁等，可以补充维生素 C 和水分，但是汤和汁都不能代替白开水。

制作菜水和果水的方法

取少量新鲜的蔬菜或水果，如菠菜、油菜、胡萝卜、苹果等洗净切碎，放入开水中煮，果肉与水的比例为 1∶2，大约煮 5～6 分钟，将汁倒出加入少量的糖即可饮用。

给婴儿喂水的方法

喂水要淡化喝水的目的，把握喂水的过程。

奶瓶喂水与喂奶的步骤相同(参见第四部分第一节相关内容)。

游戏喂水法 4 个月以后的婴儿已经有萌牙的先兆，牙床发痒是正常的生理现象，可以用奶瓶刺激婴儿牙床进行左右里外的摩擦，同时与婴儿做表情和语言的沟通。

模仿喂水法 1岁内的婴儿,可采取大人喝一口,婴儿喝一口的方法来提高婴儿喝水的兴趣。

奖励喂水法 1岁半左右的婴儿,可以采取与家人做游戏的方法,把喝水当做一种奖励。

观察喂水法 婴儿的舌苔厚、眼屎多与缺水有关;婴儿的小便有异味,大便过干、过臭也与缺水有关。让婴儿多运动,适当消耗体力之后再喝水。

随机喂水法 喂水要少而勤,不一定按“顿”喂。

四、注意事项

(1)不要只喝矿泉水,尽量少喝或不喝饮料,因为饮料中的添加剂进入体内会伤肝、肾。

(2)用杯子或勺子喂水时应注意婴儿情绪,避免在哭和笑时进行。

(3)莫把“渴”当“饥”,避免吃得多,喝得少,否则易导致婴儿生病。

第五节 0~3岁婴幼儿的饮食制作

一、学习目标

掌握制作、喂食泥糊状食物的知识和方法。

二、相关知识

从婴儿出生后4~6个月开始有计划地为其添加泥糊状食物,以满足婴儿对热能和各种营养素的需要。

婴儿在 6 ~ 12 个月左右会逐步减少吃母乳的量和次数，由于吃奶量的减少，使母亲分泌乳汁量下降，母亲和婴儿会产生一种不适的感觉。这一过程中应逐渐用配方奶粉代替母乳，增加婴儿用奶瓶或杯子吃固体食物和液体食物的次数，为用食物代替母乳作准备。

吃泥糊状食物是每个婴儿必须经历的过程，这对提高婴儿咀嚼功能，发展语言能力有益处。

添加辅食的原则是从少到多（如吃蛋黄由 1/4 到 1/2）、从稀到稠（如喝米汤—吃稀饭—吃软饭）、从细到粗（如蔬菜水—蔬菜泥—碎菜）。

添加辅食的速度不要过快，一种食物要适应一周左右，再添加另一种，不宜在同一时间内添加多种辅食。添加的顺序要因人而异，如果出现消化不良则应立即停止，待正常后再开始。

添加的食物可以是蛋黄、米糊、菜泥、水果泥、鱼泥等。添加食物的顺序如下：2 ~ 3个月时，可加菜水、果水、米汤；4 ~ 5 个月时，可加鸡蛋黄、米粉或代乳粉、菜泥、鱼泥、水果泥；8 ~ 10 个月时，可加鸡蛋、软饭、小饺子或馄饨、碎肉、碎菜、豆制品、小块蔬菜等。

进行添加泥状食品的训练。1 岁左右婴儿的饮食已经固定为一日三餐，主要营养的供应已由奶类转化为辅食。在喂养方式上应注意改变食物的形态，以适应肌体的变化。婴儿 3 个月左右就可以进行添加泥糊状食品的训练，在接受一种新食物时常有拒食、不合作的表现，应提醒家长不要采取粗暴逼食的手段，这样会加重婴儿厌食心理，甚至造成吞咽困难。

科学添加泥糊状食品

添加泥糊状食品要遵循先素后荤、由少到多、由细到粗、由稀到稠的渐进原则。水果、蔬菜、大米应作为首选食物。

添加食物要循序渐进，定时定量，经过“试食—适应—喜欢”的过程。开始时添加辅食为 5 ~ 10 毫升，如无过敏可增至 30 ~ 40 毫升。同一类食物一次不要喂得太多,过量进食可诱发食物过敏。

婴儿不易食用过量的糖、脂肪、化学添加剂、盐和味精,泥糊状食品最好不加盐和味精等调味品,尽量选用高钾低钠的食物为婴儿补充营养。

泥糊状食品烹饪要适度,同时要注意饮食卫生。

三、部分泥糊状食物制作方法

1. 橙汁

取橘子、甜橙或芦柑1个,剥去外皮,置于榨果汁器中,旋转几次,果汁便能存储于槽内。加少许白糖,装入奶瓶给婴儿饮用。如果没有榨汁器,可缝制纱布套,煮沸消毒后,将剥好皮的果肉放入其中,用手反复挤榨出果汁,装入瓶中。喂婴儿饮用时,可加一倍的温开水稀释。葡萄、西瓜、猕猴桃、火龙果、草莓等汁水较多的水果,洗净后可用此方法取汁给婴儿饮用。

2. 青菜水

取油菜或其他绿叶菜数棵,洗净切碎,将200毫升左右的水煮沸后,把青菜倒入,盖上锅盖煮5~10分钟后关火,待温度适宜时,除去菜渣,即可食用。胡萝卜水亦可按此法制作,只是煮沸时间应延长一些。

3. 番茄汁

选新鲜、熟透的西红柿一个,洗净后用开水烫一下,剥去外皮和果蒂,并切成大块,放入消过毒的细纱布袋中,用手反复拧挤布袋,将挤出的汁液和果肉混合后倒入奶瓶,加入少许白糖给婴儿喂食。

4. 蔬菜泥

将菜叶洗净,去茎撕碎,放入沸水中煮开即捞出,用小勺将菜叶研成泥,去除粗纤维即可食用，或加入米糊当中食用。

5. 苹果泥

将苹果洗净后，切成两半，用小勺轻轻刮取果肉部分，即可得到果泥。

6. 香蕉泥

取熟透的香蕉去皮后放入碗中，用不锈钢小勺背面反复挤压、搅烂，即为香蕉泥。

7. 蛋黄泥

选取一枚鸡蛋，冲洗干净，将其放入冷水锅中，煮沸 10 分钟，去壳，切开剥出蛋黄，压碎加水或橙汁调成糊状，即可食用。

8. 蒸鸡蛋

取一枚鸡蛋，弃蛋清留蛋黄于碗中，充分搅拌，放适量温水再次进行搅拌，放入冷水蒸锅中蒸 5 ~ 7 分钟，即可食用。

9. 肝泥（猪肝、鸡肝、牛肝）

将肝洗净，切开，煮熟，去筋，切碎，剁成泥状，即可食用，也可作菜肴拌入婴儿食物中。

10. 鱼肉末

把鲜鱼洗净，碗内放入少许姜丝和葱丝，上屉蒸熟，压碎，加少许盐，即可食用，也可作菜肴加入婴儿食物中。

11. 香蕉奶糊

香蕉碾碎放入碗内备用，凉锅放入牛奶、精细玉米面和少许糖，改中小火，煮熟后把玉米糊倒入香蕉碗内,充分搅拌均匀,即食。

12. 香煎胡萝卜饼

把生鸡蛋打入碗中,充分搅拌备用。取20克白面,加水调糊,把鸡蛋倒入面糊中,撒入已切好的胡萝卜细末。平锅内倒入4克植物油,油烧至六成熟,盛一小勺拌好的糊倒入锅内,改小火,煎熟即可食用。

13. 酱鸡肝

将鸡肝冲洗干净,浸泡20分钟,以去除腥味。取少许大料,用温水浸泡20分钟,弃去大料,留水备用。炒锅内放少量油,六成热,改中火,将鸡肝放入锅内进行翻炒,直至鸡肝变为白色。放入大料水、两截葱,盖上锅盖,煮7~8分钟,然后放少量酱油,爆炒一下即可。

四、营养问题及解答

1. 婴幼儿如何吃鸡蛋?为什么辅食内不宜加蛋清?

(1)婴幼儿不宜过多吃鸡蛋,因为其消化能力差,如大量食用会引起消化不良。而且鸡蛋中含有抗生物素蛋白,在肠道中与生物素结合,阻止营养物质吸收,影响身体健康。婴幼儿不宜吃未煮熟的鸡蛋,即使是未打破的鸡蛋也容易受到沙门氏菌感染,所以煮鸡蛋需要煮10分钟,否则易导致细菌性中毒。婴幼儿生病发热时不应吃鸡蛋。

(2)半岁前的婴幼儿不宜吃蛋清,因为他们的消化系统尚不完善,肠壁的通透性较高,蛋清中蛋白分子较小,有时会通过肠壁直接进入婴儿血液,使婴儿机体对异体蛋白分子产生过敏现象,导致湿疹、荨麻疹等。

2. 饮料为什么不能当水喝?

水是人体细胞不可缺少的物质,在人体中扮演着非常重要的角色。从健康角度来看，白开水是最好的饮品，因为它不含热量，不用消化就能被人体直接吸收利用。习惯于喝饮料的人，体内脱氢酶活性高，有的饮料中还添加色素和香精，尤其是碳酸类饮料容易引起肠胃道胀气，诱发缺铁性贫血。对于成长中的婴幼儿，如果要喝饮料，每天也应控制在一杯左右，最多不超过200毫升。

3. 婴幼儿为什么要少吃甜食？

（1）糖在体内沉积后变成脂肪，会加重人体脏器的负担，使婴儿肥胖，成为将来心血管疾病的诱因。

（2）糖的主要作用是提供热量，用甜食代替饭菜，会使婴儿营养不良。

（3）糖吃多了会使口腔内的糖产生酸，导致牙齿脱钙，诱发龋齿。有龋齿的婴儿咀嚼疼痛，咀嚼无力，因而食欲减退，进食量减少而发生营养不良。

（4）糖会使胃酸增多，胃受到刺激易患胃炎；糖发酵后产生气体造成肠胃胀气，并且空腹吃糖容易消耗维生素B，使食欲减退。

（5）糖会降低白细胞的活力，削弱它们对细菌的反应能力。

4. 为什么1岁以内婴儿不能喝酸奶？

婴儿期胃肠道系统发育尚不完善，胃黏膜屏障不健全，胃酸和胃蛋白酶活性较低，4~6个月时也仅是成人的1/2。而酸奶的加工过程是一个酸化过程，pH值较低，进入胃肠后，会腐蚀婴儿娇嫩的胃肠黏膜，影响消化吸收功能。

此外，婴儿胃肠道的微生物菌群处于生长变化阶段，尚不稳定，饮用酸奶可能会引起嗜酸乳杆菌摄入过多，导致肠道中原有的微生物菌群生态失衡，从而引发肠道疾病。

1岁以上婴儿可以喝酸奶，但不要空腹喝。空腹时胃内的环境不利于嗜酸杆菌的生长，这会让酸奶失去应有的营养价值。因此，餐后两小时饮用最佳。

5. 为什么蔬菜不可以用水果代替？

尽管水果果肉细腻，口味很吸引婴儿，可以补充水分，并易于消化吸收，但水果并不能代替蔬菜。因为只有新鲜水果才富含维生素，而平时吃的水果经过长时间储存,维生素损失较多,特别是维生素 C,水果中无机盐、粗纤维含量也会减少,含糖量却较高,吃多易使婴儿产生饱腹感,影响正餐摄取营养。而蔬菜的品种却很多,粗纤维含量很丰富,利于肠肌蠕动,不易引起便秘。蔬菜中的无机盐含量也较高,能够保证婴儿摄取生长发育必需的钙和铁。

6. 怎样清洗蔬菜?

农药易残留在蔬菜上,如果能够去皮的蔬菜就尽量去皮,不能去皮的蔬菜在清洗时,可以将其放在清水中先浸泡 20 ~ 30 分钟,让农药充分溶解,再用清水反复冲洗。或把蔬菜放在淘米水中浸泡 10 分钟后倒去浸液,再反复以流动的清水冲洗。淘米水中的生物碱对农药有很好的溶解作用。或将蔬菜浸泡在 80 ℃以上的热水中 2 分钟,使农药快速溶解,再以清水彻底冲净。或先把果蔬放入盆内,随后加入一定量清水,再放入苏打搅拌均匀,浸泡 10 分钟,最后用清水冲掉。

7. 制作黑米粥需注意的环节有哪些?

黑米具有较高的营养价值,常用于煮粥。但煮食一定要讲究方法,否则食用后易引起消化不良或急性肠炎。

黑米的米粒外部由一层坚韧的种皮包裹,使得黑米不易煮烂。而未煮烂的黑米能耐受胃液中的胃酸和消化酶的作用,这样的黑米吃下去就会积累在肠胃中,大量食用后就可能引起急性肠胃炎,尤其是对消化能力较弱的婴儿更易致病。很多人并不太了解黑米的特性,只按说明书介绍浸泡 3 小时,比一般大米多煮些时间再食用。事实上,这样的煮法仅能使黑米变软,还未破坏其结构,营养成分多数未溶出,看上去汤汁也不黏稠。实验证明,黑米烹煮前至少要泡一夜(10 小时),煮成粥一定要使黑米完全变烂,此时汤汁非常黏稠才可食用。如果用高压锅则上气后煮 30 分钟以上,才能确保煮出的黑米粥有滋有味。

美妤世家

第四部分

生活照料

GUANJIA

第一节　饮　　食

一、指导母乳喂养和正确冲调奶粉

（一）母乳喂养

母乳是婴儿最理想的食品，是满足6个月以内婴儿生长发育所需的天然营养品。母乳中不仅各种营养素含量高，而且各种营养素的比例搭配适宜，营养价值高于其他代乳品。母乳几乎无菌，有利于婴儿的消化和吸收。因此，母乳具有卫生、方便、经济等特点，是最好的喂养方式。

1. 母乳喂养对婴儿生长发育的好处

（1）促进免疫功能成熟，抵抗疾病。母乳中含有细菌和病毒的抗体，母乳喂养可以降低婴儿呼吸道和肠道疾病的患病率，预防婴儿泌尿道感染。母乳中有一些物质可以抑制腮腺炎、流感、水痘和日本B型脑炎等病毒。

（2）有较好的心理效应。婴儿行为受母亲哺乳时心情及乳汁成分的影响，婴儿的性格塑造、气质和潜能与母乳喂养时母婴间的心理交流、情绪传递和行为渗透有密切关系。母婴感情是任何代乳品所不能比拟的。

（3）各种营养供应充足。如果母亲膳食丰富而均衡，可以供应0～6个月婴儿生长发育所必需的各种营养素。母乳中含有丰富的牛磺酸，能够促进婴儿大脑的发育，并且能够为婴儿提供充足的铁，这种铁极易被吸收。

2. 指导母乳喂养的方法

（1）帮助母亲做好喂哺的心理准备

积极宣传母乳喂养的好处和方法，帮助母亲消除紧张、焦虑、烦躁、沮丧等情绪，建立母乳喂养的信心。及时指导和帮助母亲与婴儿之间建立亲切、和谐的母婴喂养关系。

(2)掌握母乳喂养的时间、次数和数量

①尽早开奶。婴儿出生后立即吸吮母亲乳头,鼓励母亲在产房内即开始母乳喂养,有利于迅速分泌乳汁。每侧乳房至少喂5分钟,每次两侧乳房交替喂。每次排空乳房,可增加乳汁分泌量。

②按需哺乳。婴儿有吃奶的愿望,可以随时喂哺,既让婴儿获得充足的乳汁,又可以有效地刺激乳汁分泌。婴儿出生后2～7天,每1～2小时可喂一次,间隔时间不能超过3个小时。婴儿每天吃奶的次数和每次吃奶量都不同。

③喂哺时间。喂哺最好选择在母婴双方都精神饱满、心情愉快的时候,母亲把心理感受和体验传递给婴儿,能提高喂养的情绪与质量。注意总结婴儿吃奶规律,理想的哺乳时间最好由婴儿进行自我调节。一般来说,满月时90%的婴儿可以建立起适合自己规律的、基本稳定的喂养习惯。

3. 判断母乳是否充足

(1)判断母乳充足的指标如下:

①喂奶时伴随婴儿的吸吮动作有"咕噜咕噜"的吞咽声;

②哺乳时母亲有下乳感,哺乳后乳房变柔软;

③婴儿感到满足,表情快乐,反应灵敏,入睡时安静、踏实;

④婴儿每天换尿布6次左右,大便每天2～4次,呈金黄色糊状;

⑤婴儿体重平均每周增加150克左右,满月时要增加600克以上。

(2)判断母乳不充足的指标如下:

①喂奶时听不到吞咽声;

②婴儿吃奶时间长,常常会放弃乳头大哭不止;

③婴儿哺乳后哭闹不止,睡不踏实,出现觅食反射;

④婴儿大小便次数减少,量少;

⑤婴儿体重增长缓慢或停滞。

4. 指导母亲做好哺乳准备

(1)乳头准备:母亲在哺乳前应先洗净双手,用毛巾蘸清水擦净乳头及乳晕,保持乳头清洁、干燥。如遇有乳头凹陷、回缩的情况,可用吸杯进行每日的牵拉吸引,使之回到正常的位置便于婴儿吸吮。

(2)物品准备:母亲应选择吸汗、宽松的衣服,擦洗乳头的毛巾、水盆要专用,以免交叉感染。哺乳期乳罩不应有塑料托,内衬用柔软、清洁、干燥的棉织品,便于随时吸收溢出的乳汁。如果乳汁过多,可使用吸奶器将剩余乳汁吸净,防止产妇患乳腺炎。

(3)奶头护理:哺乳时用手轻压乳房帮助乳汁流出,在两次喂奶之间保持乳房干燥,婴儿每次吃完后可挤出一点奶涂在奶头上,防止奶头擦伤或皲裂,不要用肥皂、酒精、甲醇进行清洗。

5. 保持正确的喂奶姿势

母亲给婴儿喂奶时可采用坐姿或侧卧的姿势,最好不要躺着喂奶,因为松软的乳房可能会堵住婴儿的口鼻,引起窒息。喂奶时要与婴儿进行视觉沟通,喂奶结束后采用趴肩抱、竖抱将婴儿竖起来,轻轻拍背帮助婴儿排出吞咽时吸入的空气。

6. 指导母亲下奶的方法

(1)帮助母亲建立信心,保持一种平和的心态。

(2)增加给婴儿喂奶的次数,奶不够吃时不要急着给孩子增加奶类的食物,饿了就让婴儿勤吸吮乳头,做到早接触、勤吸吮、多刺激。

(3)注意保持营养均衡。膳食应满足热能的需要,食物中要含有丰富的维生素和矿物质,可多吃一些下奶的食物,如鲫鱼、鲢鱼、猪蹄、豆腐、丝瓜、核桃仁、芝麻等。做到粮、豆、菜、果、奶、鱼、蛋、肉平衡摄入。

哺乳期母亲每日进食量参考表(需因人而异)见表 4－1。

表 4－1　哺乳期母亲每日进食量参考表

食物	需求量
五谷杂粮	500～600 克
蛋	2～3 个
鱼(禽或畜肉)	200～250 克
牛奶	250 毫升
蔬菜	500 克(其中绿叶蔬菜占半)
水果	适量
汤水	1 000～1 500 毫升

(4)适当增加运动。如坐在床上做展胸、转体动作,干些轻松的家务劳动。

(5)按摩乳房。从乳房的底部向乳头方向疏捋,动作要轻柔,不要用力过大。

(二)人工喂养

由于多种因素不能进行母乳喂养,而选用配方奶粉、牛奶和其他奶或奶制品进行喂养婴儿的方式称为人工喂养。帮助母亲了解人工喂养的知识和指导人工喂养是育婴员的工作内容之一。

人工喂养对喂哺环境、母亲身心健康和婴儿托抱位置的要求与母乳喂养相同。

1. 怎样冲调配方奶粉

应按包装上的说明,按比例配制。先将 40 ℃左右的开水倒入奶瓶,然后用量勺将奶粉装入瓶内,装上奶头,盖紧盖环,再拧好圆盖,轻摇奶瓶直至奶粉全部溶解。注意不要用手碰触奶嘴。喂哺前先滴几滴奶水在手背上,试试奶温,以不烫为准。

2. 人工喂养注意事项

(1)吃牛、羊奶时一定要加糖,因牛、羊奶中糖的含量少,不能供给婴儿足够的热量。500 克奶中加 25 克糖为宜。

(2)鲜奶要煮开再饮用,这样既消毒又可以使奶中的蛋白质容易吸收。

(3)每次喂奶时要试奶的温度,奶粉不宜过热或过凉,可将奶汁滴在手腕内侧,以不烫手为宜(奶过热或过凉都可引起腹泻)。

(4)奶嘴不宜过大或过小,太大奶汁流出太快,可引起婴儿呛奶,太小婴儿不易吸出。喂奶时奶瓶应斜竖起,使奶汁充满奶嘴,以免婴儿吸入空气引起吐奶。

(5)注意喂奶用具的卫生,奶瓶、奶嘴、汤匙等食具每天都要刷洗干净,然后煮沸消毒一次。消毒后的用具放入干净的瓶中,使用前用开水泡 3 ~5 分钟。

(6)出生半个月的婴儿奶粉中可加鱼肝油,1 ~3 滴/日,连服 30 天停 10 天,以免维生素中毒。

(6)两次喂奶之间喂水一次,量为 10 ~15 毫升。

3. 如何消毒奶瓶、橡皮奶嘴

人工喂养用的奶瓶、奶嘴、碗匙等餐具必须清洁、消毒,否则有可能使婴儿患鹅口疮、肠道感染等疾病。家庭中常用的消毒方法是煮沸消毒法。操作步骤为:先洗净奶瓶、奶夹,把奶瓶装满水,放入冷水锅中,使水将奶瓶全部浸没,加盖煮沸后再持续加热 5 ~10 分钟;奶嘴应在水煮沸后放入锅内,煮2 ~3分钟。消毒完毕先取出奶嘴,放入碗中,稍冷却后再将奶瓶取出,沥干水分盖上纱布备用。应注意消毒好的奶嘴不能再用手拿,以免污染,用时捏住橡皮奶嘴的梗,不可直接捏住奶嘴头。

使用奶瓶进行喂养,对奶嘴扎孔的技术和喂哺的方式有特殊的要求。正确为奶嘴扎孔的方法为:将缝衣针在火(蜡烛或酒精灯)上加热,然后撤离火源,在空气中稍置几分钟,在奶嘴直径圆轴中心两侧各打一个孔(需要反复 3 ~4 次完成)。两个孔的大小为在奶瓶垂直时奶液流量为 1 滴/秒的速度为宜,因此孔不要太大或一大一小,防止喂哺时婴儿呛奶。

哺乳时,将两孔成直线与婴儿嘴平行,每孔对一侧嘴角,使奶液沿颊壁缓流而咽下,这样不致奶汁流量过大而导致冲击力过大引起呛咳。奶瓶要呈垂直状,防止婴儿吞咽空气。

喂哺后,将婴儿竖起,轻拍背部,待其打嗝排出吞咽的空气。

4. 人工喂养喂奶量和喂奶次数

注意观察婴儿精神、睡眠、大小便情况,逐步摸索适合婴儿的喂养方式、次数和配方比例。

体重大于2 500 克的新生儿每天喂奶总量为每千克体重150 毫升,每3 ~4 小时喂奶一次,每天喂约7 次,即40 ~60 毫升/次;8 ~14 天的婴儿每次喂奶70 ~100 毫升;15 ~28 天的婴儿每次喂奶100 ~150 毫升,每日6 ~8 次,但有个体差异。

5. 正确选择和安排奶类

(1)可以选择的奶类

①初乳:产后2 ~4 天内母亲乳房分泌的乳汁称为初乳。人的初乳中含有多种免疫因子。初乳呈柠檬黄色,碱性反应,每日初乳总量为10 ~40 毫升。初乳比成熟乳所含蛋白质多出几倍,矿物质含量高,碳水化合物和脂肪较少。

②配方奶:配方奶是指经过国家质量监督局批准的,允许在商店出售的奶或奶粉。合格的配方奶含有丰富的营养素,包括乳糖、脂肪酸、维生素、矿物质及微量元素,能够满足婴儿不同生长发育阶段和处于不同疾病状态时的需要。且配方奶调制简单,食用方便,比较适合婴儿健康和营养的需要。配方奶包装上一般注有不同年龄段婴儿用量和调配方法,使用时应该仔细阅读说明。

(2)不宜选择的奶类

①原奶:原奶即未经过加工处理的动物奶。这类奶入胃后易形成大凝块,消化吸收慢,奶中更易含有病菌,且盐含量较高。只有在很难找到合适奶类的地区,婴儿又急需哺乳的时候才能作为人工喂养用奶。

②炼乳:炼乳含有45%的蔗糖,含糖量过高,脂肪和蛋白质含量过低,消化速度过快,不适合婴儿的营养需要。用炼乳喂养婴儿,由于蛋白质摄入不足,会出现虚胖、肌肉松弛、营养不良、免疫功能下降等症状。

③酸奶:有的酸奶是在新鲜的牛乳中加入酸剂制成,有的是把乳酸杆菌加入鲜奶中,使奶中乳糖变化成乳酸制成,其营养成分已不完全等同于牛奶,三大营养素中

的糖分明显减少，营养成分低。如果婴儿肠胃不适，可短时少量食用，待消化功能恢复后，仍然用牛奶喂养，不能用酸奶代替牛奶。

6. 及时发现和处理婴儿喂养的问题

（1）喂养不足。喂养不足可能是由于婴儿休息不好，常哭闹，每次吃奶不能吸空奶瓶或乳房，没有得到充足的食物等引起的。

出现喂养不足时应及时找出原因，观察喂养过程中是否存在以下问题：每日喂奶次数不够；喂养环境与技术不良；奶嘴孔的大小与位置不合适；每次喂完后婴儿没有打嗝；母亲很疲劳，心情不愉快；婴儿有器质性疾病等。

喂养不足的程度与持续时间决定婴儿的症状，如便秘、入睡困难、烦躁不安、不停哭闹、体重不增或增重不足、皮肤干皱、面容像老人等。

预防喂养不足的方法：为婴儿提供充足的奶、肉、蛋、蔬菜、水果等相关食品，掌握喂养技术。

（2）喂养过度。造成喂养过度的原因是给婴儿喂养的数量过多，奶质过稠等。喂养过度常见的症状有溢奶、呕吐等。一般来说，婴儿消化器官发育不够成熟，不能接受过量食物，如果过量喂养，脂肪和碳水化合物过多，会引起腹泻、过度增重、肚子不舒服等症状。

（3）溢奶、呕吐。溢奶是指婴儿在喂奶后不久有少量的奶或咽下的食物溢出。如果婴儿进食后有大量的食物吐出则是呕吐。6 个月以内的婴儿出现溢奶是自然现象。

预防溢奶的方法：每次喂奶后让婴儿向右侧趴卧或竖立抱起，轻拍其背部，帮助排除吞咽下的空气。

婴儿期不少疾病都伴有呕吐，发现呕吐应及时去医院诊断。

（4）便秘。人工喂养的婴儿容易发生便秘。造成便秘的原因主要是摄食或饮水过少，食物中蛋白质、脂肪含量过高。预防方法如下：

①增加婴儿的饮水量；

②适当在奶中加些糖；

③多吃蔬菜、水果和粗纤维食物;

④每天进行适当的腹部按摩;

⑤建立科学的喂养规律,培养定时排便的习惯。

(5)肚子疼。腹部绞痛常见于3个月以内的婴儿。其原因包括:过分饥饿时喂奶,进食时吞咽空气,过度喂养,食用含碳水化合物过高的食物(如土豆、面、白薯等),生活环境中出现紧张、着急、生气或惊吓等因素。

肚子疼一般会突然发作,婴儿哭闹剧烈,可持续几个小时,并伴有面色潮红或苍白、肚子胀、双腿卷曲到肚子、脚冰凉、双手紧握拳等症状。有时当婴儿发作精疲力尽时症状会突然消失,经常是在排便时或放屁以后停止。

处理方法:

①让婴儿直立或俯卧于成人膝上,或在肚子上放个暖水袋帮助缓解症状;

②用甘油栓灌肠通便、排气,可以缓解疼痛;

③喂奶前、后用手轻轻拍打婴儿背部使之"打嗝",帮助排气;

④喂奶时要有一个安静舒适的环境,母亲要有宁静愉快的心情;

⑤避免喂养不足或过度喂养。

7. 人工喂养须知

人工喂养宜采用牛奶和配方奶制品,个别地区使用羊奶和其他代乳品。由于牛奶中的成分不同于母乳,喂养的时间和次数可根据牛奶的质量及婴儿的消化情况来确定。

不同年龄婴儿喂奶量没有严格的限制,指导家长根据婴儿的精神、睡眠、大小便以及整体生长发育的情况,逐步摸索喂养量、喂养次数和配方比例。

(1)热量的需要。足月健康婴儿从出生到6个月内每日热量需要量为80~120千卡/千克体重,1岁以内为100千卡/千克体重。由于婴儿之间个体差异较大,在喂养时要因人而异,根据具体情况来确定。

(2)液体的需要。婴儿期水需要量较高,6个月以内每日水的需要量为120~160毫升/千克体重,天热时还要有所增加。要根据婴儿的需要进行调节,只要想喝水就应该充分供应。配方奶中已含有一定量的水分,还可以采取其他途径补充水分,如喂水果汁、菜水,或在两餐之间喂水。如果长时间未喝水也不要一次性过量喂水。

表4－2、表4－3给出不同年龄组的婴儿平均喂养次数和进奶量,可以作为人工喂养时的参考。

表4－2 不同月龄婴儿喂养次数

月龄	24小时内平均喂养次数/次
出生	6～10
1周	6～8
1个月	5～6
3个月	4～5
4个月	3～4
8～12个月	3

表4－3 不同月龄婴儿喂奶量(平均值)

月龄	24小时喂奶量/mL
1～2周	60～90
3周	120～150
2个月	150～180
3个月	180～210
5～12个月	210～240

换乳期相关知识

婴儿在4~6个月时可用勺喂饭,婴儿会用舌头取食,这样可以锻炼咀嚼能力、吞咽能力,有利于语言发展。训练婴儿自己捧奶瓶。

婴儿7~9个月时自己可使用双耳杯,会利用空腔运动。婴儿食品要单独做,尤其在2岁半之前。

婴儿在6个月时可以自己拿饼干吃,8个月时自己扒碗吃饭,10个月时可以自己用勺子吃饭,用杯子喝水,1岁时可以自己吃饭。

婴儿在7~9个月进入换乳中期,此时可吃烂粥、烂面、饼干,8~9个月可吃蛋糕。

断乳期最好在春天进行,如遇孩子生病可延迟。10~12个月的婴儿可吃稠粥、面条、碎菜、豆腐等,可让婴儿用手抓吃,锻炼手眼协调能力。

换乳期婴儿的食物种类越多越好,麻酱、绿叶菜、猪肝、鱼要多吃,鸡蛋每天1个,不能用水果代替蔬菜。要逐渐断奶,婴儿若不爱吃青菜可将菜做成花样,比如拌馅。

第二节　睡眠、二便和三浴

一、营造舒适的睡眠环境

睡眠是大脑皮层以及皮下中枢广泛处于抑制过程的一种生理状态。睡眠有助于婴儿的脑发育,有助于记忆力的增强。新生儿每日睡眠时间可达16~20小时。每个婴儿自身体质不同,家庭环境不同,睡眠规律也就不一样。只要没有疾病,婴儿的睡眠时间可以由自己决定。

随着年龄的增长,婴儿的大脑皮层逐步发育,睡眠的时间会逐步缩短(表4-4)。

表 4-4　不同年龄婴儿的睡眠次数和时间

年龄	次数	白天持续睡眠时间/小时	夜间持续睡眠时间/小时	合计/小时
初生	每日 16~20 个睡眠周期,每个周期 0.5~1 小时			20
2~6 个月	3~4	1.5~2	8~10	14~18
7~12 个月	2~3	2~2.5	10	13~15
1~3 岁	1~2	1.5~2	10	12~13

二、尿布的使用和控制婴儿二便

1 岁以内的婴儿还不能把排泄大小便的生理现象与自己的内部感觉结合起来,所以不能有效地控制大小便。如 3 个月的婴儿在吃奶时或吃奶后马上大便是单纯的胃肠道刺激反射的结果。

3 岁左右的婴儿能够有意识地控制肠道和膀胱肌肉,排泄大便和小便的控制能力逐步增强,这是婴儿生理逐步成熟的一个明显标志。

帮助婴儿学会控制大小便,为培养健康的行为和生活方式打好基础。

1. 合理使用一次性纸尿裤和尿布

(1)一次性纸尿裤。选择清洁方便、吸湿性强的一次性纸尿裤,不会使婴儿感到臀部潮湿不适。如果纸尿裤更换的次数过少,尿液和汗液会刺激皮肤,使婴儿臀部发红,表皮破损,继发尿布炎症。

使用一次性尿布的时间不宜过长,否则会造成婴儿随意拉、尿的习惯,不利于培养定时排尿的好习惯。

一次性纸尿裤的裆部设计较宽厚,会使婴儿的髋关节活动受到限制,影响翻身动作等。因此,最好白天使用一般尿布,晚上使用一次性纸尿裤。

纸尿裤要选择合适的尺码,不能过大或过小。

(2)尿布。尿布应选择柔软、透气性能较好、浅颜色的纯棉布类,撕成 75 厘米见方的布块。使用前应煮沸10分钟,晒干后再用。使用时叠成三角形或长方形,男孩容易尿湿前面,可把前面反折一下,女孩容易尿湿后边,可把后面折一下,以免尿湿衣裤被褥。

使用过的尿布必须洗烫后再用,并定期煮沸消毒。

表4-5介绍了不同种类尿裤的特点。

表4-5　尿裤的分类

种类	特点
可家庭洗涤、反复使用的布尿裤	由基层面皮制成,通常外层为羊毛不渗水短裤
只含有植物纤维的一次性纸尿裤	明显性纸浆吸湿不渗透外层
第一代AGM	内核吸水层由纸浆和AGM混合制成,分男女通用型和男、女型
第二代AGM	除上述特征外,再加上内核吸水层中的AGM得到改进的吸湿垫(交叉连接的植物纤维)
第三代AGM	除上述特征外,再加上吸湿/液体分布层男女通用型

2.更换纸尿裤和尿布的方法(0~1岁)

(1)及时更换,更换的时间和次数要因人而异。一般是早晨醒来、睡觉前和每次洗澡后、每次喂奶后因进食引起胃肠反射,容易发生粪便排泄,要及时更换尿布。新生儿每星期大约使用80块尿布,1岁左右平均每星期使用50块尿布。

(2)换尿布和纸尿裤要注意舒适、安全,可以把柔软、温暖、防水的垫子放在床上、桌上或地板上为婴儿换尿布,防止婴儿翻滚和扭动。

(3)换尿布时,要轻轻地用尿布的边缘擦掉大部分的粪便,用卫生纸把屁股擦净(女孩要从前向后擦),再用洗液清洗婴儿的臀部。为1岁左右的婴儿换尿布,可以准备一些玩具或图书来分散其注意力。

(4)为婴儿换尿布时,要充满爱心,充分利用这样的机会用目光、语言和动作与婴儿进行沟通。

（5）要养成良好的卫生习惯，每次给婴儿换尿布时，要用清水和肥皂洗手。

（6）注意室内和水的温度，过冷婴儿易感冒，过热会伤及婴儿皮肤。

3. 洗尿布的方法

（1）不要使用含酶的洗衣粉和柔软剂、碱性较强的肥皂洗尿布，以免漂洗不净刺激婴儿皮肤并引起感染，影响婴儿的健康。

（2）如果尿布质地较硬可以用加了醋的水浸泡 5 ~ 6 分钟，然后再用清水漂洗一遍。

（3）所有的尿布都要经过开水烫和阳光晒，达到消毒杀菌的目的。

4. 注意事项

（1）准备一定量的尿布。

（2）训练婴儿大小便不能操之过急，不要对婴儿提出过高的要求。

5. 掌握婴儿二便的规律

（1）0 ~ 1 个月的婴儿尿布湿了要及时更换，大便后要及时清洗。

（2）2 ~ 5 个月的婴儿要定时喂养，这样不仅有助于胃肠工作，还能够自然形成定时大便的习惯。

（3）6 ~ 8 个月的婴儿可在固定地方的便盆中进行大小便。

（4）6 个月以后的婴儿，可以通过脸色及动作变化来表达自己的大小便要求，也可以开始练习坐盆大小便。每次坐盆时间不宜过长，一般不超过 5 ~ 10 分钟，婴儿坐盆时不要吃东西或玩耍。

（5）10 ~ 12 个月婴儿在成人的提醒下知道是否有大小便，坐盆时要求婴儿不摸地、不脱鞋，集中精力便完以后再玩耍。

婴儿 1 岁时开始有控制能力，如果玩的高兴会忘记要大小便，所以要坚持在固定时间提醒婴儿坐盆。

（6）1 ~ 2 岁的婴儿可以培养主动坐盆的习惯。

(7)2 岁以后的婴儿可在成人的指导下,学会主动坐盆。可根据婴儿大小便规律,夜里定时把尿,把尿时要让婴儿处于清醒状态,逐步培养其有尿自己会醒的习惯,如果在睡梦中把尿,容易造成婴儿后天人为遗尿的不良习惯。

(8)3 岁婴儿会自己脱下裤子坐盆大小便,并练习自己擦屁股,应满足和鼓励婴儿做这些事情,如果没有擦干净,可以由成人帮助再擦干净。

6. 培养婴儿良好二便习惯的方法

(1)婴儿在 1 岁半到 2 岁之间,生理和心理器官发育逐渐成熟,具备了训练二便的基础,如婴儿的膀胱控制能力逐渐加强(每隔一段时间尿 1 次),能够听懂和配合成人的抱姿与口语提示(如“尿尿”、吹口哨)。在观察和了解婴儿的情绪后,可提出训练的时间和方法。

(2)运用婴儿喜欢模仿的特点,由成人做出示范动作或凭经验抓准二便的间隔时间,提前几分钟进行提醒。

(3)使用专为婴儿设计的比较安全的便盆,并将便盆放在离游戏位置较近的地方。

(4)培养婴儿二便的卫生习惯要循序渐进,一步步地引导婴儿自己完成,如学会向成人表示便意、自己脱裤子、使用卫生纸、便后洗手等。只要有点滴进步,就要给予鼓励和表扬,不要让婴儿有太大的压力,以免造成紧张、焦躁不安或抵触的心理反应。

(5)控制二便包括定时大小便、较早控制大小便、主动坐盆等良好习惯。定时大便最好在早餐前进行,开始时可能便不出来,只要每天定时给婴儿把便,就可以逐渐形成习惯。睡觉时提前为婴儿排尿,以免尿床或影响睡眠。

7. 做好婴儿二便的清洁

(1)大便后用卫生纸把婴儿肛门擦干净,女孩子一定要从前往后擦,避免引起尿道炎或膀胱炎。

(2)每天晚上要用温水给婴儿清洗臀部。

(3)如果婴儿自己完成排便,那么便后不要忘记给婴儿洗手。

(4)每次便后,要将便盆清洗消毒。

8.注意事项

(1)婴儿有时会意外大小便,不要责怪婴儿。

(2)要注意观察婴儿二便的信号,及时作出反应。

(3)每个婴儿的生理成熟程度不同,因此大小便控制有明显的差异,培养时要因人而异。

三、婴儿的三浴锻炼

三浴即水浴、空气浴、日光浴。三浴锻炼是婴儿保健最基本的方法,具有方便、实用、简单、易操作等特点。科学的三浴可以刺激皮肤,调整内脏的功能,增强婴儿对细菌、病毒的抵抗能力。

1.水浴

水浴是通过水温和水的机械作用对身体进行刺激,以达到锻炼的目的。人体在水中的散热量大于在空气中的散热量。婴儿洗澡、洗脸、洗脚的水温均应在35~40 ℃之间,1~3个月的婴儿洗澡时的室温应在24~26 ℃,有条件的可以一天洗两次澡。

延时洗澡法:1岁以内的婴儿在正常的洗澡时间内可以延长5分钟左右,洗澡时水温控制在38 ℃左右,延时不再续加热水。

冷水浴:水温保持在28 ℃左右,室内温度为20~22 ℃,每次洗3~5分钟,洗完后立即用毛巾包好婴儿,擦干并及时进行按摩。

夏天在室外游泳是三浴集于一体的最佳方式。

2.日光浴

日光浴要在暖和无风的日子里进行。婴儿多晒太阳可以预防佝偻病。夏天要带上帽子,防止阳光直射婴儿的眼睛。如果皮肤裸露在外,那么不要在阳光下晒太久。

夏天适宜在上午 9 ~ 11 点,下午 15 ~ 17 点进行日光浴,时间从 3 分钟增至 15 分钟为宜;冬天如果有保暖措施,可进行 5 ~ 10 分钟的日光浴。若婴儿患病要暂停日光浴,日光浴时要给婴儿喂水,冬季在室内进行日光浴要开窗。

3. 空气浴

空气浴适宜在气温 25 ℃以上进行,时间可根据婴儿的不同年龄和身体状况确定,从 5 分钟到 20 分钟不等。可从裸露四肢开始做起,秋天少加或春天慢减衣物可以增加对疾病的抵抗力,减少婴儿呼吸道感染的发病率。

4. 三浴锻炼的好处

皮肤是人体感觉痛、温、触、压等刺激的感受器,除具备感觉功能外还有防御、排泄、调节体温和吸收功能,其制造维生素 D 的功能更是其他器官不可替代的。

婴儿期皮肤薄嫩,适应能力差,需要加强锻炼,使之适应生长快、新陈代谢旺盛的身体特点。

婴儿皮肤内血管丰富,有大量的神经末梢可以感知外界的各种刺激。应多带婴儿进行户外活动,利用空气、阳光和水进行三浴锻炼,增强其皮肤的抵抗力,使之适应自然环境的变化,减少疾病的发生。

三浴可使婴儿在与空气、阳光的接触中增强呼吸道黏膜、皮肤及神经系统对寒冷刺激的适应能力,加上一定量的运动和游戏,可达到增加婴儿肺活量、促进血液循环、增进食欲、锻炼神经肌肉的协调性,改善体温调节功能等目的。

三浴可以提高婴儿神经和血管系统反应的灵敏度,增强体温调节功能,以适应气温变化,增强对寒冷的适应性。同时还可增强皮肤的呼吸作用,使其从新鲜空气中吸入较多的氧气,抑制一些细菌的生长,防止感冒。

5. 注意事项

(1)注意根据季节变化和婴儿的身体情况安排三浴锻炼,要因人而异,不可生搬硬套。

（2）要严格遵守三浴锻炼的要求和程序。

（3）三浴锻炼要循序渐进，密切注意婴儿的反应，以婴儿满意为标准。

第三节　卫　　生

一、保持婴儿居室卫生

给婴儿创造一个健康、快乐的生活环境，是对居室环境的基本要求。

婴儿对外界环境刺激的适应性较低，对生活环境中的有害物质比较敏感。因此，家庭生活环境对婴儿身心健康的影响很大。

由于婴儿体温调节中枢尚未发育成熟，体温变化易受外界环境的影响，所以要选择能够使新生儿保持正常体温，又耗氧代谢最低的生活环境。适宜的生存环境有利于婴儿的健康成长。在日常生活中，要尽量消除危害婴儿健康的危险因素。

婴儿若长期生活在空气污浊的环境中，会影响呼吸道的功能，降低身体抵抗力，甚至影响生长发育。

1. 保持室内空气清新的方法

（1）经常通风。每天开窗通风 15 ~ 30 分钟，保持室内空气流通。外界温度越低，通风效果越好，冬季要避免门窗紧闭，应坚持通风换气。

（2）注意绿化。在室内栽种一些绿色植物，可以调节空气温湿度、灭毒杀菌。植物叶面上成千上万的纤毛能够截留对人体有害的浮尘和细菌等物质，起到空气净化器的作用。

（3）定期扫除。尘土是细菌和病毒的载体，室内空气的清洁度与尘土的多少有密切关系。因此，要定期打扫卫生，但要避免尘土飞扬。

（4）保持适宜的温湿度。婴儿居室应选择向阳、通风、清洁、安静的房间，居室温度保持在18~22 ℃之间,湿度应保持在50% ~60%为佳。

(5)装修后的新居,要充分通风、彻底干燥后再让婴儿入住(一般需要3个月左右)。居住后也应注意通风,采用室内绿化等措施,使污染降至最低。

居室装修要简洁明快,色调以暖色为主,室内杂乱无章会使婴儿眼睛产生疲劳。不要让婴儿住在刚粉刷或油漆过的房间,以免中毒。最好不使用地毯,因为地毯不易清洗,容易藏污纳垢,另外也不利于婴儿练习行走。

选择婴儿用具要考虑应适合其年龄特点。如婴儿最好能够睡木板床,有利于婴儿在床上练习抬头、翻身、爬行、站立和行走。

(6)居室内应禁止吸烟,以免影响婴儿的呼吸系统发育。

2. 注意事项

应使用湿布来清洁婴儿的居室,避免扬尘。

二、四具消毒

四具包括婴儿使用的卧具、餐具、玩具和家具。婴儿的抵抗能力弱,适应外界环境能力较差,因此应对四具进行严格消毒。

1. 卧具的清洁和消毒

(1)每周清洗及晾晒一次被褥。清洗时使用经国家有关部门检验合格的中性、无磷洗衣液(最好是婴儿专用)。如果是被大小便污染的被褥,则应当清除污物后再进行清洗。

(2)每天用清洁的湿布擦拭婴儿床。

2. 餐具的清洁和消毒

(1)对奶瓶和奶嘴进行消毒的方法。用刷子清除奶瓶和奶嘴上残留的奶液,并用流动的自来水冲洗。将奶瓶和奶嘴进行高温消毒，可以用水煮法（水面没过奶瓶），即奶嘴在水沸腾 3 分钟时取出，奶瓶要在 10 分钟后取出；也可以放入微波炉中消毒，即奶瓶与奶嘴分开放置，用最高温加热 2 分钟，取出后放置在消毒的碗柜中，盖上干净纱布备用。

（2）消毒碗筷的方法。一般用流动自来水洗净碗筷，如果消毒伤寒性痢疾患者的碗筷，则应煮沸 10～15 分钟，用清水洗净后再煮 5 分钟；如果是清洗病毒性肝炎患者的碗筷，则应煮沸 20～30 分钟，洗净后再煮 5 分钟。

3. 玩具的清洁和消毒

（1）婴儿玩具必须是经国家有关部门检验合格的玩具，不仅其安全性达标，而且符合卫生标准，不易携带细菌、病毒。

（2）要经常对婴儿的玩具进行清洗和晾晒。

4. 家具的清洁和消毒

婴儿的手、口动作较多，自我控制能力较差，所以在婴儿活动范围内的家具每天都要进行清洁和消毒。

可以用干净的湿布擦拭灰尘，使用经国家有关部门检验合格的家具消毒剂进行消毒。

5. 注意事情

洗涤时不要用含酶的洗衣粉和柔顺剂。

三、个人卫生

皮肤有保护身体不受病菌入侵的屏障作用，还有调节体温、感受刺激、排泄废物等一系列重要功能。盥洗是保护婴儿皮肤正常功能的主要措施。

皮肤排出的皮脂、汗液及皮肤本身脱落的上皮细胞和周围环境中的尘土形成的污垢,是细菌生长繁殖的温床,还能阻塞毛囊口,影响皮肤的排泄作用。

通过经常为婴儿盥洗,清洁个人卫生逐步培养婴儿良好的卫生习惯。

1. 脐带处理

新生儿的脐带残端宜保持清洁、干燥。残端未脱落时每日可用酒精消毒,脱落后仍应保持局部干燥。如果脐带残端未脱落,上半身和下半身可分开洗,避免弄湿脐部。

2. 口腔清洁

在奶量充足时婴儿的口腔是清洁的,禁忌用纱布擦洗婴儿的口腔黏膜。

3. 皮肤清洁

刚出生的新生儿用油剂轻拭颈、腋和腹股沟等褶皱处,以保持皮肤清洁。婴儿的臀部、会阴处宜在大小便后用流动水冲洗,用柔软的新毛巾将水分吸干。婴儿使用的肥皂、浴液、爽身粉、婴儿油等应当没有刺激性。

注意保持婴儿皮肤干燥和清洁,做到勤换衣服、勤洗澡。婴儿新陈代谢旺盛,容易出汗,汗毛孔会受到汗液的刺激。角化层薄的皮肤易受损害,抵抗力较低,热天每天洗澡 2 ~3 次,在温水中放 3 ~5 克小苏打可以止痒,避免长痱子。擦干身体后选择含有适量薄荷的痱子粉擦在褶皱处。

4. 乳痂处理

新生儿头部皮脂腺分泌较旺盛,如不经常清洗,皮脂粘上空气中的尘土,会在头顶结一层又黑又厚的痂皮,叫乳痂。若已形成乳痂,可用熬熟后放凉的食用植物油闷 24 小时,再用棉棒轻轻擦拭,不要硬揭,以免损伤皮肤引发感染。

5. 衣服和常用物品的清洁

(1)婴儿衣物应柔软、宽大,内衣用纯棉布制品,最好不用扣子。有条件的每天更换一次。

（2）衣服和常用物品要经常清洗和消毒，使用国家有关部门检验合格的洗涤用品，反复用清水漂洗干净。

（3）忌用樟脑球收藏衣服和物品，以防引起婴儿溶血症。

6. 注意事项

（1）每天用棉纱布蘸温水为 1 岁以内的婴儿清洗眼睛、外耳道、腋窝和外阴部。婴儿用的毛巾和盆应该与成人的严格分开，最好单独使用。

（2）使用温度适宜的水给婴儿洗澡。室内温度保持在 28 ℃左右，洗澡水温为 38 ~ 40 ℃。夏天要天天洗，冬天要每星期洗 2 ~ 3 次。准备好洗澡用品，如澡盆、毛巾、浴巾、洗涤用品等。

（3）洗澡的顺序。洗头时不要脱去婴儿的衣服，用左手托稳婴儿的头部，用拇指及食指按住婴儿的两个耳朵，头稍低于躯干。用手抹上洗发露，轻轻按摩头部，然后用清水冲洗干净。

洗澡时先脱去婴儿衣服，试好水温后将婴儿轻轻放入水中，把沐浴露放在手上，均匀涂抹在婴儿身上，然后用清水洗净。清洗的顺序是：先洗面部，用一块专用小毛巾沾湿，从眼角内侧向外轻轻擦拭双眼、嘴、鼻、耳，用左手扶住婴儿头部，用右手按顺序洗颈部、前胸、腹部、左右上肢、背部、左右下肢、外阴、臀部，尤其注意清洗皮肤褶皱处。7 ~ 8 个月的婴儿可以坐在水中充分享受玩水的乐趣，可同时进行冲洗。1 岁左右的婴儿能主动伸手脚进行配合。

洗澡时要亲切地注视婴儿的眼睛，用语言与婴儿沟通，动作要轻柔，让婴儿感到高兴、安全、舒适和愉快。

洗澡完毕后要迅速用准备好的浴巾包裹婴儿，以免受寒。先把头发擦干，然后用毛巾从上身到下身轻轻拍打，吸干水分，不要用力揩擦，以免损伤皮肤。在皮肤褶皱处抹些爽身粉，保持皮肤干燥。

（4）为婴儿盥洗时要注意激发婴儿的兴趣，洗手时可搓出肥皂泡来引起婴儿的注意，洗澡时可在盆中放些漂浮玩具，让婴儿给塑料娃娃洗澡等，也可以边洗边说相关内容的儿歌。

(5)洗澡时态度亲切,动作轻柔、敏捷。洗澡时间不宜过长,不必每次洗澡都使用浴液,以减少对皮肤的刺激。冬春季节,气候干燥,洗澡后可在婴儿的面部、手足等处涂抹润肤霜,臀部可涂软膏或植物油。

(6)不要把浴液或肥皂水弄到婴儿眼睛或耳朵里。

(7)洗澡水温适宜,避免各种不良刺激。

(8)洗澡时间不宜安排在进餐前后。饥饿时洗澡,婴儿可能发生低血糖;饭后洗澡,全身表皮血管被温水刺激而扩张,较多血液流向体表,脑部和腹部血液相应减少,轻者会影响婴儿的消化吸收,重者会发生晕厥。

四、正确选择和使用消毒剂

保持婴儿卧具、餐具、玩具、家具的清洁是促进婴儿健康成长、预防疾病的一个重要环节。

正确选择和购买消毒液,要购买经国家(省级)卫生部门批准,带有卫消字的腐蚀性小的消毒用品。最好是现用现买,避免存放时间过长。

科学使用各种消毒剂,避免影响婴儿身体健康,损害被消毒用品。各种消毒剂的化学成分不同,消毒对象也不同,必须严格按照要求和规定的配比进行操作。如来苏水是一种甲酚和钾肥皂的复方制剂,溶于水可杀灭细菌繁殖体和某些亲脂病毒。使用方法是加水配成浓度为1% ~5% 的溶液,将衣物、玩具放在液体中浸泡30 ~60 分钟,再用水清洗;对室内家具、便器等,可用1% ~3% 的来苏水溶液擦拭或喷洒;对衣物进行消毒,可用2% 的来苏水溶液浸泡2 分钟,然后用清水洗净。来苏水若同肥皂或洗衣粉一起使用,会降低杀菌力。

注意事项

(1)保存消毒液时不要放在温度较高或阳光直射的地方。

（2）消毒只是多种预防措施中的一种，室内经常换气，保持卫生等良好习惯更为重要。

儿童的几个关键期

4～6个月为婴儿学习咀嚼的关键期

8个月为学习分辨大小、多少的关键期

2～3岁为学习语言的关键期

2.5岁～3岁为学习遵守规则的关键期

3岁为提高计算能力和培养独立意识的关键期

3～5岁为培养音乐才能的关键期

4岁前为发展的关键期

4～5岁为学习书画、语言的关键期

5～6岁为掌握词汇的关键期

第四节　0～3岁婴幼儿保健操

人的皮肤有2平方米，有208个感受器，按摩是增加孩子对外界认知的最好途径。

一、按摩操

按摩操是成人和婴儿进行沟通的一种方式。按摩能发展婴儿对身体的认知，有助于血液循环，刺激心脏及肺的功能，调节消化功能。5～6岁的宝宝出现恋物情结，易挑剔，怕陌生环境，脾气不好，爱哭闹，与人交往困难，需要爱抚按摩。

在浴后，睡觉前后，孩子清醒时，不疲倦、不饥饿、不烦躁时，二次喂食中间或喂奶之后给宝宝按摩效果最好。每天进行2～3次按摩，可随宝宝实际情况而定。

二、注意事项

(1)孩子的按摩手法与大人有较大不同,首先要轻柔,以免伤害幼嫩的血管和淋巴管,然后密切观察孩子的反映,如出现哭闹,肌引力提高,肤色发生变化时应暂停按摩,好转后才能继续,若无好转应停止按摩。

(2)按摩时应把婴儿放在安全的地方。

(3)准备物品有按摩油、衣服、毯子等,避免噪音,保持宁静气氛。

(4)每个部位按摩 4~6 次,根据婴儿的反应掌握时间,每次 10 分钟左右。

(5)刚出生的婴儿由于脐带未脱落,故不做腹部按摩。

(6)按摩前应洗净双手,指甲短于指端,将婴儿润肤油、霜、爽身粉涂于双手。

(7)孩子 3~4 岁前不能将油擦于婴儿脸上。

(8)不能佩戴任何首饰,手不能凉,按摩时要与婴儿进行交流,语言柔和。

(9)婴儿在发烧时不能做手脚及腹部按摩。

(10)婴儿全裸时操作台面温度应略高于皮肤温度,也可在温度适当情况下,不脱衣服直接按摩。

(11)按摩房温度应在 28 ℃左右,冬天准备电暖气。

三、肤触

1. 头面部肤触

(1)将两手拇指紧贴在一起,从婴儿前额中央向两侧轻轻滑动。

(2)双手拇指紧贴在一起,从婴儿人中处,由中央向两侧滑动,连续 6 次后,双手拇指紧贴一起再从婴儿的下颌中央向两侧滑动,也按摩 6 次。

(3)两手掌面从婴儿前发髫向上向后滑动按摩，一直到后发髫处再向前按摩，停止于两耳后的乳突处，用食指和中指轻轻按压一下，重复6次。

(4)用拇指和食指捏住耳廓上部，顺着耳廓边缘转揉，逐步向下捏揉到耳垂。两耳各捏揉按摩6次。

2. 胸部肤触

双手放在婴儿胸底部两侧，右手向上滑向右肩，左手向上滑向左肩，双手交替按摩6次。

3. 腹部肤触

(1)双手分别从婴儿上腹部中央滑向下腹部，双手交替按摩6次。

(2)右手指腹从左向右按顺时针打圈。

4. 四肢肤触

(1)用手抓住婴儿手臂的最上端，双手交替从上手臂边揉边滑向手腕处。按摩6次后，再用双手搓揉上臂大肌肉群及关节，再操作6次。然后换另一侧手臂按摩、揉搓各6次。

(2)成人用拇指从婴儿手掌根部稍用力滑向手指尖，双手交替按摩6次后，再用拇指和食指的指腹轻轻捏住婴儿的手指根部，沿着手指按摩3次，再换另一只手的手掌重复按摩6次，并捏揉和提捏各个手指3次。

(3)成人双手抓住婴儿的腿的最上端，从上向下交替捏向踝关节，按摩6次后，用双手掌面搓揉婴儿腿部大肌肉群和关节，再按摩6次，换另一侧腿按摩、揉搓各6次。

(4)用拇指按在婴儿踝关节处的足背上，其他手指放在足底根部。拇指从足背按摩滑动到脚趾，双手拇指交替按摩足背6次后，再用拇指和食指的指腹轻轻捏住婴儿的脚趾，沿脚趾捏揉到脚尖并提捏脚趾一下，各个脚趾按摩3次后，换另一只脚背按摩6次，各个脚趾揉提3次。

(5)用双手拇指从婴儿足底根部由中央向两侧按摩滑出,逐渐滑向脚趾处,每只足底按摩6次。

(6)用双手拇指从脚掌心正中凹陷处的涌泉穴开始,向大小脚趾处按摩滑出,双手交替按摩6次后,换另一只脚的足心按摩6次。

5.背部肤触

(1)婴儿呈俯卧位,成人用手掌从婴儿头部向下按摩到臀部,双手交替按摩6次。

(2)双手掌面分别竖放于婴儿的脊柱两侧,由中央向身体两侧滑动按摩,从上往下将整个躯干部按摩6次。

(3)双手掌面分别放在婴儿的臀部上,按顺时针方向转动,按摩整个臀部。

6.活动上肢

成人双手握住婴儿的双手腕,将婴儿前臂抬起,由外向里旋转活动6次,再由里向外旋转活动6次。

7.活动下肢

(1)双手握住婴儿的踝关节,先将一条腿屈曲,朝上推向腹部,持续几秒钟拉回,再将另一条腿也屈曲,朝上推向腹部。双腿交替伸屈活动6次。

(2)用一只手托住婴儿的踝关节,另一只手握住足背,按顺时针方向旋转踝关节6次,再按逆时针方向旋转踝关节6次,然后换另一侧腿的踝关节重复以上旋转各6次。

美妤世家

第五部分

日常生活保健与护理

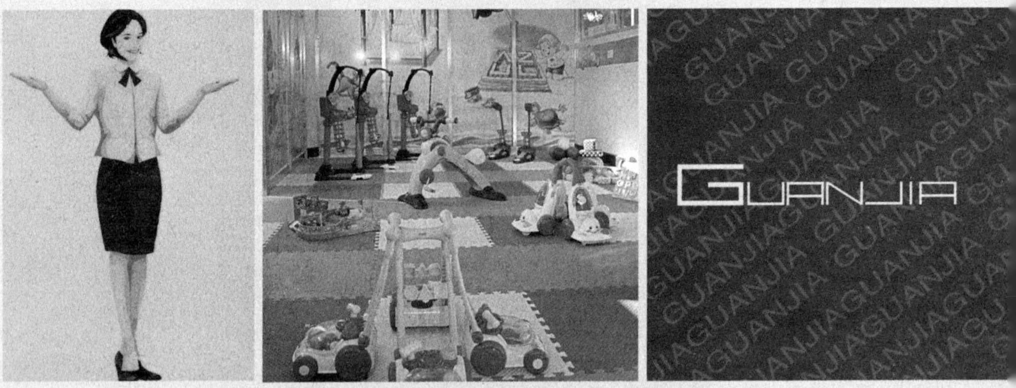
GUANJIA

第一节　婴幼儿生长监测

一、生长监测相关知识

1. 人体测量学定义

人体测量学是评价婴儿生长发育水平最基本的手段，因此了解和掌握人体测量学的基本知识与方法是非常必要的。

2. 人体测量学参数

监测婴儿生长发育指标的常用参数是体重和身长。测量的时间为半岁以内的婴儿可以每月称一次体重，3 个月量一次身长，以后可以隔半年称体重、量身长，对每一次测量的结果都要记录。

3. 测量的方法

婴儿出生时平均体重为 3 000 克左右，满月时体重至少应增加 800 ~ 1 000 克；3 个月时的体重是出生时的 2 倍；1 岁时的体重应增长为出生时的 3 倍；2 岁时体重增长为出生时的 4 倍。

婴儿出生时身长平均为 50 厘米左右，1 ~ 6 个月内增长 16 ~ 17 厘米，平均每月增长 2.5厘米；7 ~ 12 个月平均每月长 1.2 厘米。在身长增长的幅度上，每个婴儿的差别比较大，偏差 30 厘米都属于正常范围。

4. 测量的用具

体重计一般采用落地式 50 千克杠杆秤，灵敏度为克，其刻度和标记应清晰。3 岁以下一般采用卧式身长测量仪测量身高。3 岁以下婴儿测量学标准见表 5 - 1 和表 5 - 2。

表 5－1　3 岁以下男童按年龄划分的体重、身长参考值

年龄	体重/kg			身长/cm		
	下限	中位数	上限	下限	中位数	上限
0 个月	2.4	3.3	4.3	45.9	50.5	55.1
1 个月	2.9	4.3	5.6	49.7	54.6	59.2
2 个月	3.5	5.2	6.8	52.9	58.1	63.2
3 个月	4.1	6.0	7.7	55.8	61.1	66.4
4 个月	4.7	6.7	8.5	58.8	63.7	69.1
5 个月	5.3	7.3	9.2	60.5	65.9	71.3
6 个月	5.9	7.8	9.8	62.4	67.8	73.2
7 个月	6.4	8.3	10.3	64.1	69.5	74.8
8 个月	6.9	8.8	10.8	65.7	71.0	76.3
9 个月	7.2	9.2	11.3	67.0	72.3	77.6
10 个月	7.6	9.5	11.7	68.3	73.6	78.9
11 个月	7.9	9.9	12.0	69.6	74.9	80.2
1 岁	8.1	10.2	12.4	70.7	76.1	81.5
1 岁 1 个月	8.3	10.4	12.7	71.8	77.2	82.7
1 岁 2 个月	8.5	10.7	13.0	82.8	78.3	83.9
1 岁 3 个月	8.7	10.9	13.2	83.7	79.4	85.1
1 岁 4 个月	8.8	11.1	13.5	84.6	80.4	86.3
1 岁 5 个月	9.0	11.3	13.7	75.5	81.4	87.4
1 岁 6 个月	9.1	11.5	13.9	76.3	82.4	88.5
1 岁 7 个月	9.2	11.7	14.1	77.1	83.3	89.5
1 岁 8 个月	9.4	11.8	14.4	77.9	84.2	90.6
1 岁 9 个月	9.5	12.0	14.6	78.7	85.1	91.6
1 岁 10 个月	9.7	12.2	14.8	79.4	86.0	92.5
1 岁 11 个月	9.8	12.4	15.0	80.2	86.8	93.5
2 岁	9.9	12.6	15.2	80.9	87.6	94.4
2 岁 1 个月	10.1	12.8	15.5	81.7	88.5	95.2
2 岁 2 个月	10.2	12.9	15.7	82.4	89.2	96.1
2 岁 3 个月	10.3	13.0	15.9	83.2	90.0	69.9
2 岁 4 个月	10.5	13.2	16.2	83.9	90.8	97.6
2 岁 5 个月	10.6	13.4	16.5	84.7	91.6	98.4
2 岁 6 个月	10.8	13.6	16.7	85.4	92.3	99.2
2 岁 7 个月	10.9	13.7	16.9	86.2	93.0	99.9
2 岁 8 个月	11.0	13.9	17.2	86.9	93.7	100.6
2 岁 9 个月	11.1	14.1	17.4	87.6	94.5	101.4
2 岁 10 个月	11.2	14.3	17.7	88.2	92.2	102.1
2 岁 11 个月	11.3	14.4	17.9	88.8	95.8	102.8
3 岁	11.4	14.6	18.3	87.3	94.9	102.5

表 5－2　3 岁以下女童按年龄划分的体重、身长参考值

年龄	体重/kg			身长/cm		
	下限	中位数	上限	下限	中位数	上限
0 个月	2.2	3.2	4.0	45.5	49.9	54.2
1 个月	2.8	4.0	5.1	49.0	53.5	58.1
2 个月	3.3	4.7	6.1	52.0	56.8	61.6
3 个月	3.9	5.4	7.0	54.6	59.5	64.5
4 个月	4.5	6.0	7.7	56.9	62.0	67.1
5 个月	5.0	6.7	8.4	58.9	64.1	69.3
6 个月	5.5	7.2	9.0	60.6	65.9	71.2
7 个月	5.9	7.7	9.6	62.2	67.6	72.9
8 个月	6.3	8.2	10.1	63.7	69.1	74.5
9 个月	6.6	8.6	11.5	65.0	70.4	75.9
10 个月	6.9	8.9	10.9	66.2	71.8	77.3
11 个月	7.2	9.2	11.3	67.5	73.1	78.7
1 岁	7.4	9.5	11.6	68.6	74.3	80.0
1 岁 1 个月	7.6	9.8	11.9	69.8	75.5	81.2
1 岁 2 个月	7.8	10.0	12.2	70.8	76.7	82.5
1 岁 3 个月	8.0	10.2	12.4	71.9	78.9	84.7
1 岁 4 个月	8.2	10.4	12.6	72.9	78.9	84.8
1 岁 5 个月	8.3	10.6	12.9	73.8	79.9	86.0
1 岁 6 个月	8.5	10.8	13.1	74.8	80.9	87.1
1 岁 7 个月	8.6	11.0	13.3	75.7	81.9	88.1
1 岁 8 个月	8.8	11.2	13.5	76.6	82.9	89.2
1 岁 9 个月	9.0	11.4	13.8	77.4	83.8	90.2
1 岁 10 个月	9.1	11.5	14.0	78.3	84.7	91.1
1 岁 11 个月	9.3	11.7	14.2	79.1	85.6	92.1
2 岁	9.4	11.9	14.5	79.9	86.8	93.0
2 岁 1 个月	9.6	12.1	14.7	80.7	87.3	93.9
2 岁 2 个月	9.7	12.3	15.0	81.5	88.2	94.9
2 岁 3 个月	9.9	12.4	15.3	82.3	89.0	95.7
2 岁 4 个月	10.1	12.6	15.6	83.0	89.8	96.5
2 岁 5 个月	10.2	12.8	15.8	83.8	90.6	97.3
2 岁 6 个月	10.3	13.0	16.2	84.5	91.3	98.1
2 岁 7 个月	10.5	13.2	16.4	85.2	92.1	98.9
2 岁 8 个月	10.6	13.4	16.8	85.9	92.8	99.7
2 岁 9 个月	10.8	13.5	17.0	86.6	93.5	100.5
2 岁 10 个月	10.9	13.8	17.3	87.2	94.2	101.2
2 岁 11 个月	11.0	13.9	17.7	87.8	94.9	102.0
3 岁	11.2	14.1	17.9	86.5	93.9	101.4

二、正确记录婴儿生长发育曲线

1. 婴儿生长发育监测知识

人体测量学是研究儿童生长发育的一个基本学科,所涉及的知识包括:参照人群的建立与选择、界值、点的确定与应用、不同统计学方法表达生长发育参数时的区别、生长发育曲线的制作以及在儿童生长发育监测中的应用。

2. 人体测量学常用参数

(1)年龄别体重。可以反映慢性营养不良或因过去由营养不良而造成的发育障碍。

(2)身高别体重。可以反映慢性营养不良或因过去由营养不良而造成的发育障碍。

(3)上臂围。在无法测量体重的情况下,用这个方法有助于开展简易的生长发育监测,上臂围测量也可以作为人群营养状况分析或婴儿死亡率变化分析的一个指示参数。

3. 生长发育监测方法

(1)体重测量

每次测量前排空大小便,测量时应去除鞋、帽、衣服。每次测体重时要连续测三次,用两个相近的数值的平均数作为记录数字,记录到小数点后两位。定期测量体重,绘成体重增长曲线,进行比较,便于了解婴儿生长状况。

(2)身长测量

脱去鞋袜,尽可能穿单衣裤。测卧式身长时让婴儿仰卧,双眼直视正上方,头和双肩、臀、双足跟贴紧测量板,双膝由测量人员压平,读取头顶垂直沿线的数值。测立式身高时，让婴儿直立，头和双肩、臀、双足跟贴紧测量板，测量人员读取头顶水平沿线的数值。每次测量身长时要连续测三次，用两个相近的数值平均数作为记录数字，记录到小数点后面一位。定期测量，绘成身长增长曲线，进行比较，便于了解婴儿生长状况。

(3)头围与胸围的测量

①头周长是指沿着眉间与枕凸处，围绕头部一周的长度。头围可反映脑发育的状况，过小说明脑发育不良，总体看智力低下；过大可能有佝偻病、脑积水等疾病。遗传或超体重的婴儿也容易造成头围过大。

②胸围是指从双侧乳头往双侧肩胛骨绕胸部一周的长度。胸围小说明胸内心、肺等器官发育差；胸围大可能与佝偻病造成鸡胸有关。

头围与胸围除了反映身体发育状况外，二者之间的比例关系对观察婴儿的发育情况也很重要。正常情况下，出生时婴儿的胸围比头围小 1 ~ 2 厘米，在 12 ~ 21 个月间两者基本相等，以后胸围应大于头围。用头围和胸围交叉线可以观察出婴儿的营养情况，头围和胸围曲线交叉表明营养状况良好。

6 个月以内婴儿每月测量一次头、胸围，7 ~ 12 个月婴儿每 2 个月测量一次，13 ~ 36 个月婴儿每 3 个月测量一次。

表 5 – 3 ~ 表 5 – 5 给出了不同年龄儿童头、胸围的参考值，表 5 – 6 和表 5 – 7 是人体测量学中常用表，供读者参考。

表 5 – 3　儿童头围增长情况参考值

年龄	平均增长值/cm
1 ~ 6 个月	8 ~ 10
7 ~ 12 个月	2 ~ 4
第 2 年内	2
第 3、4 年内	1.5

表 5－4　儿童头围平均值

年龄	头围/cm
出生	34
6 个月	42
1 岁	46
2 岁	48
5 岁	50
15 岁	54～58

表 5－5　儿童胸围增长情况参考值

年龄	胸围增长值/cm
第 1 年	12
第 2 年	3
第 3 年	1～2

表 5－6　各种人体测量学参数特点比较

参数	优点	缺点	备注
年龄别体重	①很实用的一个基本指标，能检出急、慢性营养不良 ②对体重很小的变化都很敏感 ③测试较客观，可重复测量 ④量具使用较方便，购买便宜 ⑤测量技术容易掌握 ⑥测量不费时间	①对低于正常值但其增重曲线与标准曲线平行的发育障碍儿童和个子高的营养不良儿童不敏感 ②本参数依赖年龄，年龄计算有误，或不知道实际年龄时易产生误差，当年龄相差 2 岁时则无法准确指示相应值	对 0～2 岁儿童很合适，因为在这个年龄段内身体增长比体重慢，不易查出问题，学龄前儿童也比较适用于此指标

表 5－6(续)

参数	优点	缺点	备注
年龄别身高	①能检测出过去存在的营养问题 ②测量比较客观 ③量具较简单方便,容易购买	①要配合其他指标使用,如年龄别体重、身高别体重,因为身长变化较慢 ②测量时需两名工作人员掌握测量身高比例、体重知识 ③对未受过培训的人员掌握测量身高比例、体重知识较难 ④需要年龄数据,年龄计算常易造成误差	0～3 岁婴儿测卧式身长,3 岁以上测立身长
身高别体重	①如果要从过瘦或过重的儿童中筛选出发育适度的儿童,那么此指示为一个好指标 ②不需要年龄数据,因为有时不易得到准确的年龄 ③测量较客观	①实际应用时,如何设立界值点对结果分析影响很大,例如可能误把矮瘦的儿童划入正常范围 ②需要两件设备——体重计和身高计,才能完成此项测量 ③培训人员费时间,测量时也需要一定的时间,有的基层人员不一定能经常做好此项测量 ④需两位工作人员同时测身高	
上臂围	①近期有严重营养不良时该值下降 ②只表明在某一段时间后营养状态变化,不能像体重那样快速反应变化 ③所用测量皮尺便宜,携带方便 ④测量方便,容易掌握 ⑤一般母亲都可以掌握 ⑥不需要年龄资料	①只有当重度营养不良时这个指标才显示变化 ②测量变异大,操作时要仔细地寻找上臂中点,将皮尺不松不紧地围绕上臂取得准确读数	有人建议该法用于 1～3 岁儿童,还有人认为可以用于 1～5 岁甚至 6 岁儿童,但也有人认为出生后 6 个月婴儿即可以应用该项指标

表 5－7　常用人体测量参数评价计分表

评价标准	年龄别体重	年龄别身高	身高别体重	上臂围
人群组				
①作为营养不良的全面衡量指标	4	2	3	3
②筛选近期营养不良	3	4	4	3
③筛选营养不良时无遗漏	4	2	2	3
量具				
①价格	2	3	1	4
②轻便	3	2	2	4
测量的困难程度	3	2	1	3
测量所用时间	2	2	1	3
可信度(误差小)	3	2	2	3
对短期内营养变化的敏感性	4	1	3	3
在家庭中开展测查困难程度	3	3	3	4
适用年龄组	0～6 岁,最好小于 8 岁	0～6 岁,最好大于 2 岁	0～6 岁,最好大于 2 岁	1～4 岁
其他			不依赖年龄	不依赖年龄

注:评分表分为五级,即 0——不适用;1——较差;2——一般;3——好;4——极好。

三、掌握婴儿生长发育纵向监测的知识和方法

生长发育是儿童期的基本生理现象。婴儿的生长发育可分为两个阶段:从受精卵着床到胎儿娩出为宫内生长发育阶段;从胎儿娩出到生长发育终止为宫外生长发育阶段。

1.宫内生长发育规律

宫内生长发育是婴儿生长发育的第一个重要阶段。胎儿处于羊水浸泡的恒温

液体中，营养物为高营养液体，由胎盘传递，氧气也由胎盘传递，不用肺呼吸。由于宫内空间有限，胎儿的生长和体重增加有较大限制。

宫内生长发育的规律是生长速度快，发育、分化、成熟过程易受损伤，营养物需求量大，母体生理健康状况和行为、情绪状态都会影响胎儿发育。

目前的监测手段还不能有效地对胎儿宫内生长发育进行准确的监测。从技术发展水平来看，对子宫及胎儿进行适时体重监测是完全可以做到的，如果能够对体重和身长进行准确的适时测量，宫内生长发育监测将进入一个准确的科学描述时期。

影响宫内生长发育的因素包括纯生物心理因素、行为因素等。

2. 宫外生长发育规律

近年来，在婴儿生长发育课题的基础研究中十分强调纵向研究的重要性，只有掌握纵向研究才能揭示儿童生长发育的实际规律，只有得到有关儿童生长发育速率值，才能有效地对婴儿生长发育迟缓或增重不良进行干预。

（1）第 1 个月生长发育规律。婴儿出生后第 1 个月内体重变化较为复杂，只有逐周测量才能得到其增重的实际规律（表 5 – 8）。

表 5 – 8　890 例新生儿第 1 个月体重变化分布（%）

周龄	减重		不变		增重	
	男	女	男	女	男	女
1	37.9	39.2	43.8	48.6	18.3	12.1
2	4.6	6.2	36.8	33.9	58.6	59.9
3	1.9	2.1	22.9	33.3	75.2	64.6
4		2.2	2.5	18.5	79.3	75.9

出生后第 1 个月内体重变化显示在三个方面，即减重、不变和增重。无论母乳

喂养还是人工喂养,只要喂养方法得当,食物质和量适宜,出生后第1周体重增重的比例就较高。而不适宜的喂养将产生营养不良或肥胖。

(2)0~7岁儿童生长发育速率。我国学龄前儿童生长发育纵向研究测查频率为出生时一次,新生儿期每周一次,1岁内每月一次,1~2岁每3个月一次,3岁后每半年一次,直至72个月。

用该资料进行统计分析的结果表明,生后0~3个月、15~18个月、24~27个月、36~42个月、48~54个月和66~72个月分别为0、1、2、3、4、5岁内年龄段生长发育的重要阶段。

(3)影响宫外生长发育的因素。遗传潜力和环境因素是影响宫外生长发育的主要因素。环境因素对宫外生长发育的影响是极其大的、可以充分调控的,有时甚至是决定性的。能够影响生长发育的环境因素包括均衡膳食、自然食物、充分睡眠、适度运动、愉快心情。必须从小注意供应婴儿均衡的营养,保证充分的睡眠,预防和减少疾病,加强户外活动,充分利用机体生长高速率期的潜能,有力地促进婴儿生长发育和提高其健康水平。

四、注意事项

监测婴儿生长发育情况需要将婴儿定期测查所得到的同项指标的变化加以比较。

五、婴儿膳食营养评价及干预

1.婴儿膳食营养评价

根据0~3岁婴儿一周所摄入的食物品种及其数量,可评价婴儿一周从膳食中所摄入的营养是否达到标准推荐量。通过分析测试，发现婴儿膳食营养素摄入不足或过量，指导家长科学合理地为婴儿准备食物，及时调整婴儿膳食结构，保证食物品种丰富、营养均衡。

可发给家长一张“婴儿一周膳食统计表”，指导家长根据婴儿每日膳食情况进行填写。根据婴儿年龄及一周膳食情况的数据资料，由软件系统对膳食营养质量进行分析。

2. 婴儿体格发育与营养状况评价

根据婴儿的年龄、体重、身高、坐高、胸围、头围及臀围六项形态指标和血压、脉搏、肺活量等功能性指标的测量值来判断婴儿体格发育的水平与营养状况。1 岁以内婴儿每月测量一次，1 ~ 2 岁婴儿每 3 个月测量一次，2 ~ 3 岁婴儿每半年测量一次。通过系统的追踪评价，可以随时发现婴儿生长发育和膳食营养中出现的问题，及时向家长提出治疗、调整的建议。

实地测量各项指标值，由软件系统根据婴儿的年龄及测量结果进行分析，将测量结果连续绘成图表，显示婴儿的整体发育情况。

3. 注意事项

膳食营养评价必须经过专业培训才能操作。

第二节　婴幼儿预防接种

预防接种是通过注射或口服药物使婴儿获得对一些疾病的特殊抵抗力。国家计划免疫的要求和程序是根据传染病的疫情监测和人群免疫水平的分析制定的。为了使婴儿既有足够的预防各种传染病的免疫力，又尽量减少接种次数，需要有科学的计划程序和采用联合用药的方式。根据儿童计划免疫程序表（表 5 - 9）的程序和要求，按时让婴儿接受预防接种，避免漏种或重种。

表5-9 儿童计划免疫程序表

年龄	疫苗
出生当日	卡介苗
出生当日	乙肝疫苗
满1个月	乙肝疫苗
满2个月	脊髓灰质炎三价混合疫苗
满3个月	脊髓灰质炎三价混合疫苗 百白破混合制剂
4个月	脊髓灰质炎三价混合疫苗 百白破混合制剂
5个月	百白破混合制剂
6个月	乙肝疫苗(基础2针,间隔10天) 流行性脑膜炎疫苗
8个月	麻疹疫苗
1岁	风疹疫苗 百白破混合制剂 流行性腮腺炎疫苗 脊髓灰质炎三价混合疫苗 麻疹疫苗 乙脑疫苗 流行性脑膜炎疫苗
2岁	乙脑疫苗加强剂
4岁	脊髓灰质炎三价混合疫苗
5岁	乙脑疫苗
6岁	麻疹疫苗 风疹疫苗 流行性腮腺炎疫苗 吸附白喉、破伤风二联类毒素

一、预防接种的注意事项

(1) 发热、早产、营养不良,体重在2.5千克以下,各种急慢性传染病及恢复期,患有器质性疾病的婴儿应暂缓接种,等恢复以后再补种。

(2) 有明确过敏史和免疫功能缺陷的婴儿不能进行接种。

(3) 打过预防针后,最好在接种场所休息 15 ~ 30 分钟,接种后如出现高热或其他接种反应,要请医生及时诊治。

(4) 有些疫苗需按一定的间隔时间连续接种多次才有效,所以一定要按照规定的免疫程序、接种日期进行预防接种,否则会半途而废。

(5) 注射接种后 2 ~ 3 天内避免剧烈活动。

(6) 注意注射部位的清洁卫生。

(7) 暂时不要洗澡,以防局部感染。

二、患有以下疾病的婴儿不宜打预防针

(1)接种部位皮肤有严重皮炎、牛皮癣、湿疹及化脓性皮肤病。

(2)发热、体温超过 37.5 ℃。

(3)患急性传染病或传染病愈合后未满半个月。

(4)患严重心脏病、肝脏病、肾脏病、结核病。

(5)患有神经系统疾病,如癫痫、脑发育不全。

(6)营养不良者,患严重的佝偻病或贫血症。

(7)患先天性免疫缺陷病。

(8)有哮喘病、荨麻疹、接种疫苗后有过敏史。

(9)传染病流行期间有密切接触史。

(10)患腹泻,每日大便次数超过 4 次以上者不宜服用脊髓灰质炎疫苗。

三、预防接种处理反应

大多数疫苗接种后不会引起严重反应。由于每个婴儿体质不同,接种后会出现

一些轻重不同的反应,分为局部反应和全身反应,过敏反应较少。为了保证安全、减少反应,各种预防接种必须在婴儿身体健康的情况下进行。如果有病或不舒服,暂时不要进行接种,如发热时不要打白喉、百日咳、破伤风三联疫苗,腹泻时不要口服小儿麻痹症糖丸,空腹饥饿时不宜打预防针,以免发生低血糖等严重反应。打针前进行宣传,消除婴儿紧张害怕心理。

第三节　婴幼儿常见疾病护理

婴儿年龄较小,还不能用语言准确表达病痛时,成人要细心观察,尽早发现异常情况,及时进行治疗。婴儿感到不适的主要反应是啼哭,在排除饥饿、拉尿等因素后,应仔细检查婴儿的全身,从头到颈、躯干、四肢,稍用力抚摸一遍,再查看后背、颈下、腋窝、大腿等部位,如果手触到有病的部位,婴儿会加剧哭闹或把成人的手拨开、据按等,反复做几次,就可以发现病症的部位。

要善于从婴儿日常生活表现中发现异常,如口齿不如同龄儿童那样清晰,应观察是否因舌系带过短影响了发音;婴儿对周围环境中突然出现的较大声音反应淡漠,应考虑是否有听力异常;婴儿经常看东西时歪头或靠得很近,应考虑是否有斜视或视力异常等。只要细心观察,就可早期发现疾病的苗头。

婴儿的精神状态是反映病情轻重的重要指标。一般来讲,如果面色红润,眼睛有神,正常玩耍,食欲好,说明病情不重;如婴儿面色发白,眼睛无神,哭声无力或异常,不吃奶,烦躁不安或嗜睡,频繁呕吐或腹泻,都表明病情较重,应及时到医院就诊。

一、带婴儿就医的注意事项

婴儿出现异常情况不要盲目处理,需要迅速去医院进行诊治。

(1)婴儿容易患的疾病如呼吸道感染、腹泻等,最好的办法是就近就医。

(2)出现疑难病症需要到权威医院就诊时,应事先了解有关专家或专业门诊的时间和就诊情况。

(3)看病时要向医生说明婴儿就诊的原因,包括主要症状和发病时间,叙述病情时一定要实事求是,切不可随意夸大病情。

(4)下次就诊时应带全上次患病过程的就诊记录。如有腹泻,一般需做大便检查,最好在家里留好大便,否则无法当时进行化验。

(5)在医生进行过必要的检查后,对疾病作出诊断并开出处方时,要将婴儿有某些药物的过敏史及时告诉医生,避免取药后不能用。

二、正确使用体温计

(1)试表前要检查体温计有无破损,甩表时不能触及硬物,否则容易破碎。

(2)应在吃饭、喝水、运动出汗后休息半小时再测体温。

(3)婴儿哭闹时应设法让其停止啼哭,保证在安静状态下测体温。

(4)试表前,检查体温计是否已把水银柱甩至 35 ℃以下,5 分钟后读取读数。

(5)取出体温计转动温度表,直到可看到一条粗线为止,从水银柱上读取所指数字。

(6)体温计使用完毕后用酒精棉擦拭备用。

三、正确给患病婴儿喂药

(1)喂药时要态度温和,充满爱心,让婴儿感到亲切。如果态度生硬,婴儿产生恐惧心理会拒绝吃药。

(2)如果药味道不好,可以将其溶在少量糖水中,再将盛有药液的小勺伸入婴儿口中,用勺底压舌面,待婴儿咽下药液再撤出小勺,接着再喂点糖水,千万不要捏着婴儿鼻子灌药。

(3)给0~3岁婴儿喂药的方法。如果药物是液体的,需要用勺子或滴管,喂药工具要事先消毒。使用滴管喂药时,把婴儿抱于大肘窝中,使其头部微抬高一些,把需要喂的药吸到滴管中,然后把滴管插入婴儿口中,轻轻按压橡皮囊。喂药时不要让婴儿平躺,那样吞咽比较困难。使用勺子喂药时,把婴儿放在膝上,轻轻扒开嘴,把勺尖放在下唇上,慢慢抬起勺柄,使药物流入口中,速度与婴儿吞咽的速度要一致。

如果药物是片剂的,可以将药片捣碎,加一勺蜂蜜、果浆或冰淇淋然后喂给婴儿吃。如果婴儿不喜欢药物的味道,可以将药物稀释在婴儿喜欢喝的饮料中。不管婴儿怎样啼哭,一定要保持镇定,坚持让婴儿把药吃完。

(4)要严格遵照医生要求的药量和间隔期喂药。因为药物必须达到一定水平的血液浓度后才有效。

(5)滴药的方法。滴眼药水时先向下拉开婴儿的下眼睑,让药液滴落到眼球与眼睑之间。用药时尽量使婴儿安静下来。滴鼻药水时让婴儿平躺下来,使其头部略向后倾,把药剂轻轻滴入鼻内;滴耳药水时让婴儿躺下来,头偏向一侧,按照一般的方法滴入药水。

四、婴儿发热的处理方法

(1)婴儿的衣服不要穿得太多,要保证室内空气清新,经常开窗,保持空气流通。

(2)如果婴儿的体温超过39.4 ℃,可以采取用温水不间断地擦拭身体降温,并且每隔10分钟量一次体温。具体做法是:用一块不透水的油布铺在床上,再铺一层毛巾被,让婴儿躺在上面,用海绵或法兰绒布蘸上温水给婴儿擦身。从面部开始,然后擦躯干,最后是四肢。温水可以使血管扩张,水分在蒸发时带走热量。从血液中带走的热量越多,降温的效果越好。

(3)用温水降温后一定要擦干皮肤。

五、患病婴儿的饮食

(1)如果医生没有提出特别的要求,可以给婴儿吃各种喜欢吃的食物。若婴儿没有食欲,不要勉强。

(2)婴儿生病期间,饮水是最重要的,如果发烧或伴有呕吐,一定要给婴儿多喝水。最有营养的饮料是牛奶和水果汁,如果不喜欢牛奶,可以食用含牛奶的食品,如牛奶代用品、加味饮料、冰淇淋等,新鲜的水果汁含有丰富的维生素和矿物质,所以婴儿喜欢喝什么就可以喝什么。

(3)在恢复期,婴儿食欲会有所增加,能补偿生病造成的营养缺乏,体重也会很快恢复。

六、注意事项

(1)婴儿出现危险情况一定要尽快去医院救治。

(2)定期为患病婴儿测量体温,便于观察体温升、降规律,有助于疾病的诊断。

(3)新生儿常见病包括脐带发炎、鹅口疮、皮肤异常等。

第四节　预防婴幼儿铅中毒

环境中的铅是造成儿童铅中毒的根本原因。

一、自然环境中铅的来源

（一）大气中的铅

1. 自然来源

自然环境中的铅可能通过地壳侵蚀、火山爆发、海啸和森林山火等自然现象而释放入大气环境中。

2. 非自然来源

非自然来源的铅主要是指来自工业和交通等方面的铅排放。

（二）环境媒介中的铅

土壤是自然界中铅的最大储存库。土壤中的铅会在儿童玩耍时被有意无意地摄入，造成儿童铅中毒。室内铅尘也是儿童铅暴露的重要来源之一。室内铅尘的含量和儿童血铅水平呈非常明显的正相关，所以控制室内铅尘才能有效降低儿童的血铅水平。

（三）水中的铅

一般情况下水中的铅不是儿童铅暴露的主要来源。清晨第一次打开水龙头放出的水往往含铅量较高，热水龙头放出的水含铅量往往较冷水高。水中铅的生物利用度往往较食物中的铅高。

（四）食物中的铅

食物中的铅可能来自几个方面：大气中的铅直接沉积到谷物和蔬菜中；室内的铅尘污染厨房中的食物；以含铅釉彩器具储存食物造成污染；铅质焊锡制作的食品罐头对食物的污染等。其中，铅污染罐头食品的危害最大。

（五）含铅油漆

含铅油漆为目前儿童铅暴露的最主要原因。居住于铅污染住房内的儿童，其血铅水平明显高于居住于无污染住房的儿童。

（六）学习用品和玩具的铅污染

儿童玩具和学习用品的含铅量普遍较高。有报告表明，7 种玩具表面油漆中含的可溶性铅已超过国际最高允许量；铅笔有 6 类超标，含铅量最高的超标 4 ~ 12 倍；课桌、椅子的棕黑色油漆层铅超标 7 ~ 36 倍；教科书彩色封面的含铅量也超标 6 ~ 13 倍；彩色蜡笔含铅量严重超标，足以引起儿童铅中毒。

（七）食品的污染

1. 爆米花

爆米花机的炉膛和炉盖是由含铅的生铁铸成的，在密闭加热时铅极易挥发并渗入爆米花中，其含铅量最高的超标 41 倍。

2. 皮蛋

皮蛋在传统制作过程中需要加入氧化铅以加快其成熟，因此，皮蛋的含铅量也很高。

3. 水果

砷酸铅仍被广泛用作水果的杀虫剂,因此,水果皮含铅量较高。

二、铅进入人体内的途径

(一)铅的吸收

1. 肠道吸收

肠道是非职业性铅暴露时铅吸收的主要途径。铅通过主动转运和被动扩散两种方式由小肠吸收入血。铅和钙、铁和锌等在肠道吸收过程中享用同一部位的转运蛋白,因此,提高膳食中钙、铁和锌的含量可有效减低铅在肠道的吸收。

2. 呼吸道吸收

空气中的铅经呼吸进入肺内,再通过肺泡—毛细血管单位吸收入血。

3. 经皮肤吸收

铅极少经皮肤吸收。

(二)铅在人体内的分布

人体内铅的分布可分为两部分:交换池和储存池。交换池中的铅主要是指血液和软组织中的铅,这部分铅绝大多数在 25 ~ 35 天左右转移到骨性组织中。储存池中的铅主要指骨组织中的铅。

1. 血液中的铅

参与血液循环的铅 99% 以上存在于红细胞中,仅有 1% 以下存在于血浆中。红细胞内外的铅也维系着一种动态平衡。

2. 骨组织中的铅

骨组织容纳了人体 90% 以上的铅。骨铅的积蓄始于胎儿时期，以后随着年龄的增长而逐渐增多，骨铅的积蓄可持续约 50 年。当食物缺钙或血钙降低或体内排钙增加时，铅随钙入血，致使血铅上升。

3. 其他组织中的铅

人体内的铅少量分布在肝、肾、脾、肌肉等器官的组织中，脑组织是铅的重要靶器官。软组织中相对含有较多高活性的可移动铅，这是儿童铅中毒时机体反应强烈的一个原因。

铅在体内的半衰期约 25 ~ 35 天。血铅水平只能反应近一个月左右时间内的铅暴露状况。骨骼内铅的生物半衰期约为 10 年。

（三）铅的排泄

人体内的铅通过三种途径排出体外：近 2/3 的铅以肾脏经过小便排出；近 1/3 的铅通过胆汁分泌排入肠腔，然后随大便排出；有 8% 左右的铅通过头发及指甲脱落排出体外。

铅是多系统、多亲和性毒物，主要是嗜胎盘和嗜神经毒物。对婴儿生长发育、心理行为发育、智力发育、潜能发展都会产生不可逆的损伤并保留终身。铅污染已不再是职业污染，而是生活中常见的一种污染源和危险因素。

婴儿期铅污染和损害的临床表现与成人职业病的表现有许多不同之处。早期识别婴儿铅污染及损伤是非常重要的。

（四）铅含量高的婴儿饮食调理

（1）不吃含铅食物（如皮蛋、爆米花、食品罐头等）。

（2）多吃富含钙（如乳制品、豆制品、动物骨骼等）、铁（如动物肝脏、动物血、肉、蛋等)、锌(如肉类、贝类、海产品等)及含维生素 C、维生素 B_1 的食物。

注:维生素 C 含量由多到少的食物排列为草莓、橘子、苹果、梨、山楂、红枣、龙须菜、西兰花、西红柿、甘蓝、菜花、香菜等。

维生素 B_1 含量由多到少的食物排列为大豆、红豆、菜豆、豌豆、蚕豆、葵花籽、全麦面粉、燕麦片、糙米、新鲜蔬菜、蛋黄、瘦肉、肝、肾及豆制品等。

(3)多吃大蒜、洋葱、海带、海藻、胡萝卜等食物。

(4)定时进餐,防止空腹时对铅吸收增加。

(5)多吃果胶及纤维类食物,这些食物可阻止铅的吸收。

(6)食物中油脂蛋白及氨基酶可降低体内铅浓度,减轻中毒症状。

(五)观察婴儿铅中毒的症状

婴儿铅中毒后一般症状为面色黄白,生长迟缓,体重不增,便秘、腹泻或便秘腹泻交替,腹痛,恶心,呕吐,贫血(多为红细胞缺铁性贫血),免疫功能低下,反复呼吸道感染等。

进食方面的症状有胃钠低,拒食,偏食,挑食,异食,喂养困难。

神经方面的症状有头痛,头晕,情绪不稳定,烦躁不安,有攻击行为,有行为偏差,嗜睡,运动失调,多动,注意力短暂,认知能力下降,学龄儿进行性学习成绩下降,人际交流困难有障碍等。

(六)治疗原则及方案

(1)根据“零血铅”战略,原则上血铅不为零者均应进行清除血铅的治疗。

(2)非药物驱铅。对血铅水平 1～3 级或小于 1 级但血铅不为零者,提倡使用金属硫蛋白制品(MT),此为人体正常组成成分,具有去除重金属毒物、清除自由基、调节微量元素等多项生理功能,无毒副作用,服用方便、自然。每日 1～3 支,30 日为一个疗程。根据治疗反应,再决定继续治疗与否。

(3)药物驱铅。此法适用于 3 级血铅水平以上者(见有关药物/急救手册),对不宜使用药物驱铅的婴儿可使用非药物驱铅。

（七）预防措施

1. 经常给婴儿洗手

一次洗手可以清除90%～95%附着在手上的铅，从而避免消化道摄入铅。特别要让婴儿养成饭前洗手的习惯。

凡是婴儿可以放入口中的玩具、文具或易舔触的家具均应定期擦洗去除铅。

2. 家庭定期扫除

用水和湿抹布清洗室内品，去除铅尘；食物和餐具要加护罩，遮挡铅尘；平日经常开窗，使空气流通。

成人（特别是从事接触铅或长期在马路边工作的职业）要按照规定在下班前洗手、洗澡，进入家门要先更衣。

不要带婴儿去街边玩耍或长期停留，避免吸入汽车尾气和铅尘。

3. 营养协助

少让婴儿食用含铅食物（如皮蛋、爆米花等），多吃含钙食品（如牛奶、乳制品、豆制品等）、含铁食物（如蛋、肉、血、肝等）和含锌食品（如肉、海产品等）。定时进餐，空腹时铅的肠道吸收率可以倍增。

第五节　婴幼儿意外伤害的预防、识别及处理

意外伤害是21世纪威胁儿童生命和健康的一个严峻问题，目前已经成为我国及世界各国0～14岁儿童的第一位死因。儿童期意外伤害还会造成家庭的极大痛苦。所以预防儿童期意外伤害是提高生活质量和生命质量的一个关键因素。

0～3岁婴儿活泼好动，好奇心强，但动作又不够灵活协调，自身缺乏社会经验和对环境是否危险的鉴别力，发生意外伤害是不可避免的。

创造相对安全的环境和提高儿童驾驭环境的能力是预防意外伤害的两大途径。成人要加强安全意识,消除环境中的不安全因素,一旦发生意外伤害,要沉着冷静并及时处理,尽量减少婴幼儿的痛苦。

婴儿经常发生的意外伤害有外伤、器官异物、烧烫伤、溺水、中毒、触电等。

一、意外伤害的处理和预防

1.表皮擦伤

如果伤口小而浅或仅擦伤表皮,可用凉开水洗净周围皮肤,再用凉开水冲洗伤口。如有泥沙等污物应彻底冲洗干净,如冲洗不掉,可用针拨出,以免污物留在皮肤里导致感染。清洁伤口后,用浓度为75%的酒精由里到外消毒伤口周围皮肤,伤口表面涂紫药水、红药水或碘酊。如伤口有少量出血,可以用消毒纱布止血后再上药。伤口不用包扎,避免沾水,让其自然干燥。

2.肌腱和软组织损伤

肌腱和软组织损伤若无皮肤破损,可以先局部冷敷。方法是用两块毛巾浸泡在冷水中,交替使用,或用热水袋灌入1/2~1/3袋冷水,排出空气,敷于受伤处。要经常翻转毛巾或冷水袋,保证接触皮肤部位有凉感,达到冷敷的作用,使受伤部位血管收缩,减少出血,敷1小时左右即可。24小时后如局部仍红肿、疼痛,可改用热敷,以扩张血管,促进血液循环,促进康复。也可用七厘散等中成药,用水调均后敷于受伤部位,能起到活血化瘀的作用。如局部疼痛严重,或有其他异常情况,应及时去医院诊治。

3.出血

出血多因严重碰撞、摔跌,使皮肤撕裂,或由于针、钉子、刀、剪等的刺扎、切割所造成。如伤口浅、出血量少，可用消毒纱布或干净手绢紧紧压住出血部位，止血后用创可贴包扎，也可止血后仅涂碘酊，待其自愈。如果出血量多，应先急救止血并尽快送医院。

急救止血可用手指压迫止血法，即用手指压迫出血的血管上方（近心端），用力压迫至下面的骨骼处，或用较宽的布带，绑扎于上述部位，但每隔 3 ~ 5 分钟要放松一次，防止绑扎部位下面的肢体缺血坏死。也可用加压扎止血法，方法是用消毒纱布盖在伤口上，再用绷带缠紧，有时消毒纱布上面需用绷带卷加强压力。如果创口不大，但伤口较深，应及时去医院处理。

4. 器官异物的处理和预防

（1）眼异物。眼内常见的异物有沙子、尘土、小飞虫等，当这些异物进入眼内后，会刺激婴儿眼泪分泌，可指导其微闭眼睛，待异物被眼泪冲出。切勿用手或手绢揉擦，这样会使异物嵌入结膜或角膜，更不易取出。巩膜表面的异物，如眼泪冲不出来，可用眼药水或白开水冲洗，也可用干净的手绢角或消毒棉棒轻轻擦去。藏在结膜内的异物，要翻开眼皮擦去。翻眼皮的方法：翻上眼皮时，让婴儿往下看，然后用拇指食指捏住眼皮，食指轻压，拇指向上捻转；翻下眼皮时，用食指压住下眼皮，再向下扒开。嵌入角膜的异物，应及时去医院取出，若延误治疗时间，日后会影响视力。

（2）外耳道异物。常见的外耳道异物有小石块、钮扣、豆类及小虫等。外耳道有异物时一般多有异物感，并引起婴儿耳鸣、耳痛。植物性异物遇到水后膨胀，可引起外耳道炎，动物性异物在耳内爬行，可引起剧烈疼痛。体积大的异物可引起听力障碍或反射性咳嗽。小虫入耳后，可在耳内滴入酒精或油类，把小虫杀死，再到医院取出，或用手电筒置于耳边，昆虫可能向光爬出。体积小的植物性异物，可用手将耳廓向后上方提拉，告诉婴儿把头歪向有异物一侧，单脚跳，异物可能掉出来。

（3）鼻腔异物。鼻腔异物多因婴儿好奇，将异物塞入鼻腔，引起鼻塞。时间久了，异物对鼻黏膜产生慢性刺激，引起炎症，流带血有臭味的脓鼻涕。异物如系纸片、棉花，可用镊子取出。小的异物，成人可用手紧按住无异物的鼻孔，指导婴儿用力做擤鼻涕的动作，把异物擤出。也可用棉花或纸捻刺激鼻黏膜，使婴儿打喷嚏，将异物喷出。若上述方法无效,应去医院取出。

(4)咽部异物。咽部异物以鱼刺较多见,常嵌入扁桃体或其附近,引起疼痛,吞咽时加剧。人们通常采用喝醋软化鱼刺,或吞咽饭团、馒头等方法,企图把鱼刺噎下去,其实这两种方法都不可取,应及时去医院处理。

(5)食道异物。食道异物多见于1~5岁婴幼儿,常由于婴幼儿将钮扣、硬币、别针、玩具零件、笔帽等放入口内玩耍,或饮食时不慎将骨片、枣核等吞入而引起。较小而光滑的球形异物,多能通过消化道由肛门排出,可吃些芹菜、韭菜等长纤维的食物,增进肠蠕动,促使异物随大便排出。最好及时去医院检查,观察这些异物在消化道内的情况。较大、较长或尖锐的异物,切勿自行处理,要及时去医院就医。

熟记急救电话

育婴员、育婴师要熟悉各大急救中心和婴儿家庭附近大医院急救中心的电话号码1~2个,如果发生意外伤害事故,能够在进行现场救助的同时,迅速与相关部门取得联系。

北京市急救中心电话:120、999。

二、婴儿意外伤害的现场救助

1.误服药物

由于婴儿身体解毒和排泄能力差,对药物的敏感性高,一旦发生误服药物的情况,往往会发生严重的后果。发现误服药物,正确处理的原则是:迅速排出,减少吸收,及时解毒,对症治疗。

首先,要尽快弄清楚在什么时间、误服了什么药物和服用的大体剂量,为就医时提供详细情况。不要打骂和责怪婴儿,以免因害怕而隐瞒真实情况,导致误诊。

其次,要区别不同情况,采取必要的救助措施。

如果误服的是一般性药物，如毒副作用很小的维生素、止咳糖浆等，可让婴儿多饮凉开水，使药物尽快稀释并及时排出。

如果误服的药物剂量过大又有毒性，应立即用手指或其他工具刺激舌根催吐，然后再饮大量茶水、肥皂水，进行反复呕吐洗胃。催吐和洗胃后可喝几杯牛奶、豆浆或3～5枚生鸡蛋清，这样可以保护婴儿的食道和胃不被烧杯，起到养胃解毒的作用。

如果误服的是腐蚀性药物，如碘酒类，发现后要分秒必争，马上喝米汤、面汤等含淀粉的液体；若误服来苏水消毒剂，可喝蛋清、牛奶、面粉糊以保护胃黏膜；若误服强酸类药物，应立即服石灰水、肥皂水、生蛋清，以保护胃黏膜；若误服强碱类药物，应立即服用食醋、桔汁、柠檬水等，然后立即送医院进行治疗。

误服了有毒性的药物，在采取急救措施后，可取绿豆100克，甘草20克，煎煮30分钟后服汤以解余毒。

2. 触电

婴儿常由于玩弄电器，用湿手摸开关、摸灯口等原因导致室内触电。

室外如果高压线落地，就会以断落处为中心形成电场，周围10米内都会使人触电。电压愈大，离电线落地点越近，危险也越大。电闪雷鸣时，人在树下或高大建筑物下避雨，可能遭到电击。

触电对人体的伤害分为两种情况。

局部症状：轻者触电部位发麻，重者可出现烧伤。

全身症状：电流通过心脏时，可引起心室颤动，致使心脏停搏，呼吸骤然停止。

触电的急救方法如下：

（1）切断电源。救护者需冷静分析现场情况，选择一个安全的方法，既能尽快使触电婴儿脱离电流，又保证自己不遭电击。如采取穿胶底鞋，踩在干木板上等防护措施。如果电闸离得很远或一时找不到，可用干燥木棍、竹竿等绝缘工具，把触电者身上的电线挑开。

（2）现场急救。对呼吸、心跳已停止的触电者，应立即做口对口吹气和胸外心脏挤压，不可中断，直到送进医院。注意保护烧伤的创面，用干净纱布、被单等覆盖创面,待医生作进一步的处理。

3. 气管异物

气管异物是比较常见的婴儿意外急症,也是引起婴儿非正常死亡的常见原因之一。

引起气管异物的主要原因有:

(1)婴儿把钮扣、玻璃球、硬币等放进口中;

(2)吃豆类、果核、瓜子时,不慎将食物吞进气管;

(3)进食时说话、嬉闹,导致食物呛入气管;

(4)给婴儿喂药时方法不当,捏紧鼻子喂药,导致药粒进入婴儿气管等。

出现异物呛入婴儿气管的情况,千万不要惊慌失措,更不要用手去掏异物,可采用两种方法尽快清除。

倒立拍背法:提起婴儿两腿,使其头向下垂,轻拍其背部,可通过异物所受重力和婴儿呛咳时胸腔内气体的冲力,迫使异物向外咳出。

推压腹部法:让婴儿坐着或站着,成人站在其身后,用两手臂抱住婴儿,手握成拳,大拇指向内放在肚脐与剑突之间,用另一只手掌压住拳头,有节奏地向上向内推压,以促使婴儿横隔抬起,压迫肺,让婴儿肺内产生一股强大的气流,使异物从气管向内外冲出,并随气流到达口腔。

上述方法无效或情况紧急,应及时带婴儿到医院诊治。

4. 烫伤

如果由于热水、油锅、开水壶摆放不当或使用热水袋等原因造成婴儿烫伤,不要惊慌失措,立即根据不同情况,采取有效措施进行现场救助。

(1)轻度烫伤与紧急处理。如果是皮肤表面的烫伤,皮肤会红肿刺痛,若能够做好紧急处理,不会留下任何伤痕。如可用冷水冲洗烫伤部位 20 分钟,使皮肤冷却,可缓解疼痛。

(2)中度烫伤与紧急处理。中度烫伤皮肤不仅红肿还会起水泡,皮肤破裂溃烂,露出真皮并渗出血及其他液体。这种程度的烫伤非常疼痛,有时会因为伤势太严重而感觉不到疼痛。如果直接用清水冲洗反而会加重伤势,应将患部放入盛有冰水的盆中,使用流动自来水进行冷却,20 ~ 30 分钟后即可舒缓疼痛,并可防止皮肤深层组织受到破坏。

(3)重度烫伤与紧急处理。重度烫伤深及皮下组织,皮肤会变干硬、变白,甚至呈焦黑色,这时已感觉不到疼痛。处理这种程度的烫伤,要十分小心地去除衣物,不要碰到烫伤的皮肤。可用剪刀把衣服剪开,慢慢取下,用冷水浸泡或用浸透冷水的被单、毛巾敷在烫伤处,注意不要摩擦皮肤,以免擦破患处发生溃烂,继发感染,然后立即送医院急救治疗。

5. 严重出血

如果婴儿发生意外事故,出现严重出血,应立即采取以下急救措施:

(1) 用一块干净的布,压在伤口边缘上,一直压到凝血为止。

(2) 如有断骨露出,或是伤口内有异物,如玻璃渣等,只能压迫周围部位,而不能压迫伤口正上方。

(3) 把婴儿平放在地面上,抬高受伤的肢体,这样既可以使流向伤口的血液减少,又能使血液迅速流向大脑、心脏和肾等重要器官,防止休克。如果有需要缝合的伤口,应马上与医院取得联系。

(4) 如果出血位置是无法压迫的部位,例如腹股沟区等,可先让婴儿躺下,用拳头或手掌根部把出血的血管向内用力按压,以达到止血的目的。

6. 失去知觉

(1) 首先检查婴儿是否还有呼吸和脉搏。最简单的方法是触摸颈动脉,即颌下与其耳间的连线处。

(2) 把婴儿放置成恢复姿势,最好是俯卧姿势,一只胳膊弯曲,使其支撑起上半身,再将同侧的腿弯曲,以支撑其下部身体,最后把头转向一侧。马上与急救中心进行电话联系,如果发现呼吸停止,要采取口对口的方式进行急救。

(3) 口对口急救步骤。先将婴儿头部略向后倾15°左右,使其呼吸道畅通,检查喉内有无异物。

用嘴盖在婴儿的嘴与鼻孔,向里面轻轻吹气,速度为每分钟20次,每隔4次,检查一下婴儿是否有呼吸,吹到恢复呼吸为止。

如果口对口呼吸无效,或婴儿的心脏停跳,要立即实施胸外心脏按压。

复苏抢救在血液循环系统工作之前即可以摸到脉搏之前不能停止。如果婴儿的颈动脉不容易摸到,可以摸臂动脉,其位置在上臂的内侧,肩肘连线的正中间。摸脉搏时,将拇指置于臂外侧,中指与食指置于内侧,将手指轻轻朝向臂骨压下,就可以摸到搏动。

救助2岁以下的婴儿时,用一只手垫着背部,支撑起婴儿的头颈,用另一只手的两个手指,按压胸骨下部的位置,每分钟100次,压下的深度为1.5~2.5厘米,1次呼吸配合5次压迫。

救助2岁以上的婴儿时,将婴儿放置在平地上,一只手根部轻压胸骨的下部,每分钟100次,压下的深度为2.5~3.5厘米,1次呼吸配合5次压迫。

7.休克

婴儿发生急性损伤时,会伴有大量的出血,严重的烧伤、反复的呕吐、严重的腹泻、极度的疼痛或者恐惧时,容易出现休克。

休克的主要症状包括:皮肤发白、发冷、潮湿,呼吸快而且浅表,打哈欠、发叹息声,恶心呕吐,严重时失去知觉。如果怀疑婴儿休克,在照顾的同时,要立刻与急救中心取得联系。

针对于婴儿休克采取如下救助方法:

(1) 把婴儿平放于地面,最好下面垫些毯子。使头部位置较低,头偏向一侧,以使口内的液体排出,如果没有骨折的可能,可把下肢垫高,让血液流向心脏。

(2) 松开婴儿的衣服较紧的部位,如果天气较冷,用毯子盖好,避免着凉,不要使用热水袋或电热毯。

(3) 如果婴儿失去知觉,请按"失去知觉"中提供的方法进行抢救,如果心跳与呼吸停止，马上采取口对口急救和胸外心脏按压。

(4) 不要给婴儿喂食，可以喂一点水。

8. 溺水

如果婴儿不慎掉入水中，应迅速救其上岸，要先把婴儿嘴里、鼻子里的东西清理干净，然后把肚子里的水倒出。方法为大人单腿跪地，一条腿屈膝，让婴儿的腹部趴在大人的膝盖上，头下垂，大人用手压住婴儿背部，尽量让嘴、鼻子、气管和胃里的水流出来。

9. 骨折

如果婴儿摔倒后，胳膊不能动，或者腿不能走路了，很可能出现了骨折。最容易发生的一般是骨弯曲，而不是骨断裂。

首先，不要去捏或揉，试图把变形或弯曲的肢体弄直，这样只能加重骨折。

如果骨折严重，骨头穿透皮肤，可用消毒纱布包好，尽量不要碰到伤口。如果断骨未伸出皮肤，可在受损部位的两侧固定肢体，防止进一步损伤。受伤的上肢可以用绷带吊起来，受伤的腿可以通过固定好膝盖和踝骨的方法进行固定。在可能的情况下，尽量抬高患处。

如果怀疑婴儿的脊椎骨折了，要先固定头部，把身体放平，迅速用木板抬到医院进行治疗。

家庭必备小药箱

(1)一包脱脂棉

(2)大小不同的消毒纱布若干

(3)一盒大小不同的创可贴

(4)一盒 5 米长的绷带

(5)2 ~ 3 卷皱纹绷带

(6)一卷 2.5 厘米宽的胶布

(7)消毒纱布和绷带若干

(8)用结实布料做的消毒三角绷带若干

(9)安全别针若干

第六部分

艺术部分

GUANJIA

第一节 儿歌与模仿操

儿歌在我国历史悠久，它源自于自然生活的缔造，质朴天然，不加雕饰的歌声反映社会现象，受到大人和孩子的欢迎。它对儿童知识面的扩大，能力的培养，情感的熏陶，美感的启迪，都有着潜移默化的作用。童谣易唱，简短易学，寓意浓厚，引领孩子走进五彩缤纷的歌唱世界，让孩子在歌声中快乐成长。

儿歌语义浅显、明快，通俗易懂，口语化，有节奏感，便于幼儿反复吟咏；儿歌能帮助幼儿矫正发音，正确把握概念，初步认识事物，并能培养语言的连贯力和表达力，训练和发展儿童思维，培养和提高孩子们运用语言的能力。

儿童模仿性强，好学好动，对各种游戏、儿歌和体育活动都有浓厚的兴趣。模仿操就是根据儿童的这些特点来设计的，它适合于1～2岁的幼儿，主要是配合简单的儿歌让幼儿模仿一些动作，如一些日常生活动作及跑、跳、平衡、弯腰等动作，具有强烈的游戏性和趣味性。

幼儿模仿操不但可训练幼儿的各种动作，培养幼儿的独立生活能力，同时还可以发展幼儿的想象力、思维能力和语言能力。

一、儿歌

起床歌

小宝宝，起得早；睁开眼，咪咪笑；
咿呀呀，学说话，伸伸手，要人抱。

穿衣歌

小胳膊,穿袖子,穿上衣,扣扣子;
小脚丫,穿裤子,穿上袜子,穿鞋子。

洗澡歌

小鸭子,嘎嘎叫,走呀走,摇呀摇,
见了水,要洗澡,扑通通,往下跳。

看画报

小娃娃,看画报,睁开眼,仔细瞧;
布娃娃,哈哈笑,伸出手,要你抱。

拍拍手

拍拍手,点点头,敬个礼,握握手;
拍拍手,点点头,笑嘻嘻,好朋友。

小汽车

小汽车,滴滴滴,开过来,开过去;
小宝宝,当司机,送妈妈,上班去。

逛公园

逛公园,宝宝笑,东看看,西瞧瞧;
花儿香,鸟儿叫,小草绿,小树摇。

扔皮球

小皮球,举高高,扔出去,它就跳;
跳到东,跳到西,跳到鞋里藏猫猫。

搭积木

大积木,红黄蓝,小宝宝,最爱玩;
搭火车,钻山洞,盖高楼,连着天。

小星星

小星星,亮晶晶,白天睡,晚上醒,
不说话,眨眼睛,看宝宝,笑盈盈。

胡萝卜

胡萝卜、大白菜、嫩豆腐、鲜牛奶、
红苹果、绿黄瓜,吃得多,长得快。

不倒翁

不倒翁，翁不倒，年纪大，身体好；
推一推，摇一摇，推来推去倒不了。

小鸭子

小鸭子，一身黄，扁扁嘴巴红脚掌；
嘎嘎嘎嘎高声叫，一摇一摆下池塘。

小猴子

小猴子，天天跳，不洗头来不洗澡；
这抓抓，那挠挠，两只小手闲不着。

猪

猪鼻子，硬又硬，哼哼哼，把地耕；
小萝卜，青又青，它也跑去拱个坑。

小花猫

小花猫，上学校，老师讲课它睡觉；
左耳听，右耳冒，你说可笑不可笑。

小白兔

小白兔,盖新房,小猴小狗来帮忙;拿的拿,扛的扛,
小屋盖的好漂亮;进屋一看黑漆漆,原来忘了留小窗。

小木马

小木马,不吃草,不吃草,可不好,
我长高了你还小,光能驮我不能跑。

小花狗

不要背,不要抱,自己走路自己跑,就是有点不太妙,
尾一摇,腿一翘,不讲卫生乱尿尿。

小蜗牛

蜗牛妈妈,慢慢爬爬,
光背房子,不背娃娃。

长颈鹿

长颈鹿,长颈鹿,脖子好像一棵树,
它吃树叶小草叫:“有棵小树吃大树!”

大公鸡

大公鸡，挺挺胸，头上戴红帽，
身穿花花衣，早上喔喔啼，叫我早早起。

小板凳

小板凳，你别歪，让我爷爷坐下来，
我给爷爷捶捶背，爷爷夸我好乖乖。

数字儿歌

一条鱼儿水中游，孤孤单单在发愁；
两条鱼儿水中游，摇摇尾巴点点头；
三条鱼儿水中游，快快乐乐笑开口；
许多鱼儿水中游，大家都有好朋友。

大西瓜

西瓜圆，西瓜大，绿皮红瓤甜又沙；
小朋友，爱吃瓜，吃着西瓜笑哈哈。

水蜜桃

水蜜桃，大又圆，水分多，香又甜，

营养丰富味道鲜，小朋友们都喜欢。

苹果

苹果苹果，红脸膛，红红脸膛，香又香，
对着我们点头笑，笑得像个小姑娘。

小眼睛

小眼睛，亮晶晶，样样东西看得清；
好孩子，讲卫生，不用脏手揉眼睛。

甜嘴巴

小宝宝，甜嘴巴，喊爸爸，
喊妈妈，喊得宝宝笑哈哈。

漱漱口

手拿花花杯，含口清清水，
抬起头闭着嘴，咕噜咕噜吐出水。

洗手歌

清清流水哗啦啦，香皂泡沫白花花；

伸出小手洗一洗,看谁洗得最干净。

宝宝爬

小宝宝,床上爬,好像小船划呀划;
俩小手,像船桨,宝宝越划劲越大。

穿袜子

花袜袜,像嘴巴,
爱吃宝宝的小脚丫。

系鞋带

小小手,系鞋带,
像给小鞋扎小辫。

毛巾

毛巾毛巾,帮我忙,讲究卫生常擦脸,
贴着脸儿亲又亲,我爱我的小毛巾。

红绿灯

大马路,宽又宽,警察叔叔站中间;

红灯亮，停一停，绿灯亮，往前行。

二、模仿操

变变变

小手小手变变变，变只蝴蝶飞上天；
飞上天摆摆头，变条小鱼水中游；
变头大象地上走，我们都是好朋友。

小青蛙

呱呱呱，呱呱呱，我是快乐的小青蛙；
白肚皮，大嘴巴，背上绣着绿花花。
你要问我是哪一个，我是骄傲的小青蛙。

小动物

来来来，来来来，小动物，真可爱。
小花猫，喵喵喵，伸伸懒腰，喵喵喵；
小鸭子，嘎嘎嘎，摇摇摆摆，嘎嘎嘎；
小小鸡，叽叽叽，找到虫儿，叽叽叽；
小青蛙，呱呱呱，跳上跳下，呱呱呱。

我是一个棒小孩

我的头晃一晃,我的肩膀歪一歪,
我把手臂向上举,两只小手摆一摆,
向前弯腰鞠个躬,我是一个棒小孩。

好朋友

来来来,小朋友,一二三,齐步走,
拍拍头,拍拍肩,拍拍肚子,拍拍腿,
拍拍屁股扭一扭,转个圈圈拍拍手,嘿嘿。

第二节 美 术

绘画是美术的基本形式,是在三维空间平面上以线条、色彩、构图这三种形式直接表现出来的艺术形式。

一、绘画的材料和工具

绘画的材料和工具包括纸、铅笔、水彩笔、蜡笔、油画棒、毛笔等。

二、幼儿绘画的形式

幼儿绘画的形式有很多,如命题画、意愿画(又称自由画)、装饰画(在简单图形上增加一些线条)、物体画、情景画、想象画(锻炼创造力)、故事画、记忆画(以幼儿的记忆经验为主题)、写生画、简笔画、手指画、棉签画、蜡笔画、油画、彩色水笔画、水墨画、纸板画、图画日记、图形添画、添色画(涂鸦)、撕纸粘贴画、实物粘贴画、合作画(4～5 个宝宝合作)、壁画、轮廓画、吹彩画、印章画、粉笔地图画、蜡笔水彩画等。

第七部分

早期教育的意义

GUANJIA

我国《三岁前小儿教育大纲(草案)》提出的教育原则是:在婴儿的每一项生活内容中都有保健与教育两重任务。基于0~3岁婴儿身心发展的特点和规律,对他们的教育必须与培养密切配合进行,这种特殊的教育形式即称为教养结合。这种教育的方式是在对婴儿的生活照料、护理和潜移默化的过程中完成的,教育目的在于从小培养婴儿在体、智、美各方面得到全面发展,为造就体魄健壮、智力发达、品德优良的社会主义新一代打下良好的基础。

第一节 0~3岁婴幼儿教育的生理基础

一、人脑的形成和发育

科学研究显示,大脑是一切心理现象产生和发展的物质基础。从脑重、脑皮层结构以及脑机能的变化过程等反应大脑发育、成熟情况的一系列重要指标来看,婴儿时期的大脑发育优于身体发育,已接近或达到成人的成熟水平。人的成长发育取决于对脑细胞刺激的程序,人脑的发展是婴儿接受教育的物质基础,也为婴儿心理的迅速发展提供了生理基础。

刚出生时,婴儿的脑质量是300~350克,是成人脑重的1/4;半岁时婴儿脑的质量是700克;2岁婴儿脑的质量是1 000克;3岁时婴儿脑的质量是1 100克,已完成脑发育的80%,基本接近成人。这些数据说明0~3岁婴儿期是脑发育最快的时期,而大脑又是优于其他器官最先发育的,所以婴儿期的教育是孩子一生的基础。

二、人脑发育的基础

1. 突触是神经元的接点

脑有140亿个神经元和400亿个神经胶质细胞。神经元构成神经回路,而神经胶质细胞集合在神经周围,起保护和协助修复神经元的作用。在胎儿脑的发育时期,神经胶质细胞也有将神经元分别引导到脑的各个固定部位的作用。神经元伸展出许多根像树枝一样的树突,树突连接另一根神经元延伸出来的轴突,它们的连接点叫突触。当突触点接到信号,便向下一个神经元传递信息,这称为突触结。

2. 突触结决定脑的功能

婴儿出生时就与成人同样有约 140 亿个神经元,但是树突和轴突还短而稀,仅形成少数神经回路。

但是,一部分轴突已经延伸到将要连接的神经元的树突附近,准备构造突触结。到 2 岁时突触结已经发育得很稠密了,甚至密到分不清神经元的细胞体了。婴儿出生后其大脑以惊人的速度发育,原因在于伴随突触结的增加,也形成了大量的神经回路。

突触结多意味着相应地有更多信息产生,就和像素越多的数码相机拍出来的照片越清晰一样。脑的突触结越多,就越能正确地认知外界刺激,反应的变化随之增加,就能进行更加高级的信息处理。

3. 积极工作的细胞形成神经回路

刚出生的婴儿神经元数量虽然跟大人一样,但是还不成熟。包裹神经元的轴突,提高信息传递速度的髓鞘,保护神经元的神经胶质细胞,都要在婴儿出生后才能生成。

神经元的生长和突触结的发育都是根据遗传程序进行的,但是如果没有接受外界环境的刺激,这个程序并不能正常运作。最明显的例子是视觉系统的发育过程。如果婴儿出生后立刻被蒙上眼睛,一段时间后,婴儿眼睛即使张开也不能看见物体。因为不接受光的刺激,接受视网膜传入信息的脑神经元轴突就不能发育。有人曾做过这样的实验:让幼猫的一只眼睛只看竖条纹,另一只眼睛只看横条纹,结果这样饲养大的猫只能识别横条纹或竖条纹,这是因为猫的对不曾见过的条纹作出反应的神经元死亡了。而人的视觉系统在 2 岁半以前不接受刺激,同样会出这种不可逆的变化。

在日常生活中一般不会出现这种完全阻断光刺激的状况，但是有研究人员推测，整天生活在室内的孩子与经常眺望山野的孩子相比，其视觉神经回路的形成状况会有差异。

4.不使用的神经元会死亡

婴儿从出生到 2 岁半这段时间内如果完全没有光的刺激，则很有可能会终身失明。从这个例子可以得知，某种功能的发育有一个与其对应的适合时期，这个时期被称为“临界期”。这种观点逐渐成为有必要对孩子进行早期教育的理论根据。其科学根据是在临界期不曾使用的与刺激相关的神经元会死亡，出生后如果不接受环境给予的刺激，没有形成突触结的神经元会逐渐丧失活性，最后消失。

这种现象在动物的视觉区得到了证明，进而在人的额叶联络区也获得了证明。单位容积的细胞数在人出生半年后到 1 岁的时间内已经开始减少，到 10 岁后其减少的曲线逐渐平缓。

额叶联络区的突触数量在儿童五六岁时达到高峰，随后减少，到 15 岁左右与成人的数量几乎相同。视觉区的突触数量出生后 8 个月时即达到高峰，随后开始减少，到 10 岁稳定下来，与成人的相同，这个现象称为“突触的过度形成和修剪”。

第二节　教育的特点和内容

一、教育的特点

1.通过感官学习

在 3 岁以前，婴儿没有抽象和逻辑思维能力，主要是通过味觉、嗅觉、听觉和触觉等途径来观察和判断事物，利用感官直接接触来获得基本经验，形成概念，作为想象、思考和创造的基础。利用感觉和肢体进行学习,通过自己的感觉和运动能力来探索事物。这时的教育重点是发展婴儿的感觉和运动技能,尽量让婴儿自己去看、吸、摸、操作来获得实际经验,而不是刻意干涉。婴儿的教育应做到自然化、生活化。

2.主动学习

婴儿用眼、耳主动地观察,听别人说话和接受各种复杂的声音,通过多次接触,逐渐学会了分辨。婴儿是从大人的腔调、表情和动作中来了解语言的,并尝试和练习说话技巧,这些完全是在无意识中进行的,是在接触环境的过程中主动进行学习,发展自己的智能,从而适应社会生活的。

3.注意力不易集中

由于婴儿大脑发育不成熟,所以注意力是专注且短暂的,做事时常常左顾右盼,看书、看图片也是一晃而过,接受信息在瞬间完成。

4.需要反复教育

婴儿潜意识的学习是通过大量地看书、绘画、看图片和文字来完成的,如阅读、听歌曲等活动都要有规律地进行。要逐步培养婴儿的良好习惯,如果每天在同一时间做同一件事情。反复训练会帮助婴儿建立良好的神经通路,大脑会配合这种规律进行自动调适,婴儿也会把不间断地学习作为一种乐趣。

二、教育的内容

婴儿教育主要包括:动作技能(大动作、精细动作)、语言能力、认知能力、社会交往、人格发展、艺术感受能力。各个领域应均衡发展,如果特别关注或忽视某一个领域,都不利于婴儿的健康成长。

动作技能是婴儿机体生长发育的重要标志,也是生存和发展不可或缺的基本能力。婴儿有强烈的运动欲望。手眼协调的动作是 0～3 岁婴儿发现问题和解决问题的主要方式,也是开发智力、促进心理发展的有效手段。

语言能力是一种社会现象,是传递和表达情感的工具。婴儿学习语言是在社会环境中,在学习和运用语言的过程中进行的。

认知能力在婴儿期是所有能力、情感、行为习惯发展的基础,是今后学习求知的基础。在发展婴儿认知能力的过程中,要保护好奇心,培养婴儿主动学习的兴趣,鼓励他们自己发现、自由探索、自行解决问题。

社会交往(社会性行为和情感)主要是指引导婴儿如何在群体中与别人相处,培养婴儿健康、稳定的情绪,3 岁之前是社会行为和个人情感培养的最佳时期。

人格发展是指一个人在生活中对待自己、对待事物,包括对待整个环境所表现出来的独特个性。0～3 岁是婴儿人格发展的最佳时期,应把培养婴儿的自主意识、爱心、信任感、乐观向上的精神、学会尊重和宽容等作为教育的重点。

婴儿的认识具有直觉、行动、具体、形象的特点,情绪情感具有易感性、易转移的特点。艺术的存在非常符合婴儿认知特点和情绪情感特点,如听歌曲。1 岁以后,进一步发展婴儿唱歌、表演、涂鸦等爱好,培养婴儿对艺术的关注和兴趣。

三、婴儿教育的误区

1. 把婴儿教育等同于智力开发

有些家长会过分强调婴儿期的知识灌输,把教育片面理解为传授书本知识,把智力开发等同于提前进行读、写、算等技能训练。各种早期教育方案效果的追踪研究表明,早期教育学习的知识和读、写、算训练的效果是短期的(大约可持续到小学 4 年级左右)。

2. 用成人标准来要求婴儿

婴儿的天性活泼好动,没有社会经验和固定的模式,所以经常会犯各种错误。

如果时时处处都用成人的标准来要求,就会让婴儿失去信心。因此,对婴儿成长过程中出现的若干个第一次要给予积极鼓励。

3. 过早对婴儿进行专业训练

过早地确定培养目标,过早地进行高强度训练,不利于婴儿身心健康发展。科学的早期教育必须是尊重儿童(包括尊重他们的人格、兴趣、需要、发展特点)的教育。真正体会早期教育的价值,使它成为人一生良好发展的基础因素,是研究早期教育的动机和态度。

四、教育原则与方法

(一)教育原则

1. 尊重婴儿发展权利

首先,婴儿是社会的基本成员。对婴儿的教育须遵循《儿童权利公约》《未成年人保护法》《教育法》等法律法规,切实尊重婴儿作为一个社会成员所应享有的尊严和合法权利。其次,保证每个婴儿接受教育的条件。教育不是面对少数天才婴儿的英才教育,而是面向每个婴儿的全民素质教育,应当把接受高质量的早期教育看做是每一个婴儿应当拥有的权利。再次,婴儿的早期教育应当是以提高综合能力为重点的素质教育,是为人的终身发展奠定良好基础的教育。尊重婴儿的兴趣和自主选择的权利,没有对婴儿的尊重就谈不上真正的教育,婴儿教育应该是尊重婴儿人格的教育。

2. 促进婴儿全面和谐发展

哈佛大学霍华德·加德纳教授提出了多元智能理解理论的全新看法,认为人的智能应包括音乐、智能、运动、数学逻辑、语言、人际关系、自我认识等 7 个方面,每一种智能都以大脑的生理机制为依据，每个人身上表现出不同智能的组合，显示了人类能力的多样性。

科学的教育必须符合婴儿身心发展的规律和学习特点，在本质上应当是为人的终身发展奠定良好基础的素质教育，是促进婴儿体、智、德、美各方面健康和谐发展的教育。高素质教育要适合婴儿的年龄特征和发展差异，为婴儿的全面发展创造一种合理的空间和环境。

3. 以情感体验为主体

婴儿的情绪就是生理需要的显示器。要密切关注婴儿情绪变化，使之处于最佳的生理状态。婴儿通过成人的声调、姿态和表情辨别是非和对错，成人需要通过婴儿的各种反应去引导他们的情绪和行为，做到以情治情，如通过拥抱、微笑等动作减少婴儿的负面情绪，让婴儿在愉快交往过程中体验教育的快乐。让婴儿在生活过程中获得酸甜苦辣的各种情感体验，有利于增强其适应环境变化的能力，培养乐观、自信和坚强的性格。

4. 保教并重的教养原则

婴儿教育离不开适宜的生理成熟度，保育和教育是两个不同的方面，保教并重的教育方式是婴儿教育的基本原则，两者互为前提，互为基础，是辩证统一的关系。

教育要与生活相融合，婴儿从出生起就有一种积极地、能动地从环境中学习各种事物的能力。婴儿的教育要蕴含在生活过程中，培养良好的品格和生活习惯是早期教育的重要任务之一。如教婴儿保持个人卫生，玩具、图书摆放有序，对新鲜事物产生兴趣，与伙伴相处互相谦让、互相帮助，富于同情心等。根据婴儿学习寓学于行动、思维依赖形象、模仿能力极强、可塑性大等特点，教育者身体力行，以身作则，用榜样的作用来影响和感染婴儿。

5. 关注个体差异，促进婴儿个性发展

教育应把个性发展放在第一位，个别化教育是以关注婴儿个体差异，促进婴儿

个性化发展为前提的,切忌从预先设立的目标出发,进行拔苗助长式教育,因为每个婴儿成熟的时间、顺序、气质等类型都有差异。教育的多样性就是根据婴儿发展需要来确定教育目标,根据每个人的兴趣来确定活动的内容,让婴儿置于多种活动中,通过与周围环境的人和物的交互作用获得认识和发展,通过各种活动接触事物和现象来获得体验,来观察、发现和思考问题,逐步积累知识和社会经验。婴儿的潜能只有在良好的教育环境中才能得到全面发展,良好的教育环境包括正确的教育观念和科学的教育方法。

教育内容和方式要符合婴儿生理、心理、神经发展规律,针对婴儿的直观性、模仿性强等特点进行启发和诱导,并为婴儿准备适合不同年龄阶段特点的玩具、教具,创造必要的教育环境和设施,激发但不强迫婴儿学会知识技能。教育需从婴儿的生理特点出发,以婴儿的身心健康为出发点,确定不同阶段的教育目标,与科学安排日常生活相结合,与婴儿卫生保健措施相结合,通过吃、睡、玩等生活照料的每个环节,培养良好的生活习惯。

(二)教育方法

重视婴儿的感受和需求。对婴儿的哭、笑、叫等任何动作和情感都要进行认真观察并积极回应。在给婴儿喂奶、换尿布、教走路、对话等过程中,让婴儿感受到重视和关爱。

尊重婴儿的人格,尊重其生存和发展的权利。尽管婴儿弱小、幼稚,没有社会经验,但在人格上与成人是平等的,不能随便摆布或强迫婴儿做自己不愿意的事情,更不能随便打骂或侮辱婴儿。

经常训练婴儿的动作技能,例如翻身、爬行、走路、跳跃、跑步、攀登、投掷等方面的动作,都会使婴儿的脑细胞活跃起来。

认真回答婴儿提出的每一个问题,满足婴儿的求知欲望,鼓励婴儿进行独立思考,培养观察问题和解决问题的能力。

注意培养婴儿探索外部世界的能力,鼓励其按照自己的意愿和生理心理的成熟度来参与力所能及的事情。

鼓励婴儿与同伴进行交往，培养其与人沟通的能力，使其学会建立良好的人际关系。

培养婴儿独立思考的能力，让其在编故事、玩游戏的过程中锻炼自己的想象力和创造力。

经常带婴儿接触社会和自然环境，结合日常生活让婴儿接受信息、开阔眼界、增长知识、了解社会。环境教育有着潜移默化的作用。

培养婴儿早期阅读的兴趣和习惯，为婴儿准备一些颜色鲜艳、图像清晰、内容健康的图片和图书，每天按时阅读。

对婴儿提出合理要求，根据婴儿的学习兴趣给予正确引导，制定适合婴儿发展的培养目标和努力方向，不要求每个领域都样样精通，处处都比别人强。

五、早期教育——蒙氏教育

蒙氏教育特点

（1）以儿童为中心，反对以成人为本位的教学观点，视儿童为有别于成人的独立个体。

（2）倡导“不教的教育”。蒙台梭利反对以教师为中心的填鸭式教学，主张由日常生活训练着手，配合良好的学习环境，丰富的教育，让儿童自发地主动学习，自己建构完善的人格。

（3）把握儿童的敏感期。0～6岁的幼儿在特定时期会出现特定的喜好倾向，若顺着敏感期学习该特性，即可获得最大学习效果。

（4）教师扮演导师角色。一般称蒙氏教师为启导员，需对孩子的心灵世界有深刻的认识与了解，对于孩子发展状况了如指掌，才能为孩子提供适时的协助与指导。

（5）完全人格的培养。蒙氏教育的最终目的是协助孩子正常化，透过环境设计、教具操作使孩子一步步建构完善人格。

(6)尊重孩子成长。蒙氏教育要求教师根据儿童发展进程,对不同特点的儿童因材施教,不搞一刀切式教育。

(7)屏除奖惩制度。蒙氏教学尊重儿童,培养孩子正在萌芽的尊严感。

(8)爆发的教学成果。蒙氏教育尊重孩子内在需求,让孩子适时适性成长,短期内不易察觉成果,但却会在某一时间以爆发形式彰显出孩子内在的心智发展水平。

语言敏感期(0~6岁)

婴儿开始注视大人说话的嘴形,并开始牙牙学语,开始了语言敏感期。在这一时期,幼儿很容易学会母语,因为儿童具有自然所赋予的语言敏感力。

秩序敏感期(2~4岁)

孩子需要一个有秩序的环境来帮助认识事物、熟悉环境。一旦他所熟悉的环境消失,就会令他无所适从。蒙台梭利在观察中发现,孩子会因为无法适应环境而害怕、哭泣。婴儿的秩序敏感力常表现在对顺序性、生活习惯、所有物的要求上。蒙台梭利认为如果成人未能提供一个有序的环境,孩子便没有一个基础以建立起对各种关系的知觉,当孩子从环境中建立起内在秩序时智能也因此逐步建构。

感官敏感期(0~6岁)

孩子从出生起就会凭借听觉、视觉、味觉、触觉等感官来熟悉环境,了解事物。因此,蒙台梭利设计了很多感官教具,如听觉筒、触觉板等,以锻炼孩子的感官,引导孩子自己产生智慧。

对细微事物感兴趣的敏感期(1.5~4岁)

忙碌的大人常会忽略周边环境中的细小事物,但是孩子却常常能捕捉到个中奥妙。因此,如果您的孩子对泥土里的小昆虫或您衣服上的细小图案产生兴趣时,正是您培养孩子巨细密微的好时机。

动作敏感期(0～6 岁)

两岁的孩子已经学会走路,最是活泼好动的时期,父母应充分让孩子运动,使其肢体动作正确、熟练,并帮助左右脑均衡发展。蒙台梭利更强调小肌肉的练习,即手眼协调的细微动作教育,不仅能培养儿童良好的动作习惯,也能帮助智力发展。

社会规范敏感期(2.5～6 岁)

2 岁半的孩子逐渐脱离以自我为中心,而对结交朋友、群体活动有了明确倾向。这时,父母应与孩子建立起明确的生活规范、日常礼节,使其日后能遵守社会规范,拥有自律的生活。

书写敏感期(3.5～4.5 岁)

阅读敏感期(4.5～5.5 岁)

孩子的书写与阅读能力虽然较迟,但如果孩子在语言、感官肢体等动作敏感期内,得到了充分的学习,其书写阅读能力便会自然产生。此时,父母可多选择读物,布置一个充满书香气息的居家环境,使孩子养成爱书写的好习惯。

文化敏感期(6～9 岁)

蒙台梭利指出儿童对文化学习的兴趣萌芽于 3 岁,但是到了 6 至 9 岁则出现探索事物的强烈要求。

第八部分

早期

教育训练

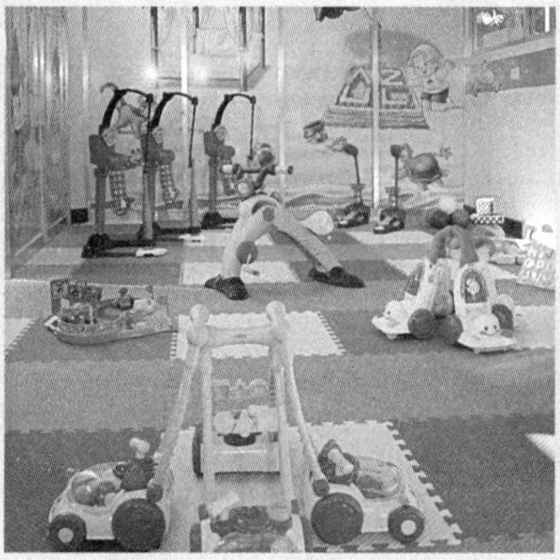

GUANJIA

第一节　动作技能训练

一、动作技能

（一）动作技能的两个方面

1. 大运动能力技能训练

大运动能力技能训练包括对婴儿进行抬头、翻身、爬、坐、走、跑、跳、攀登、平衡、投掷等动作的训练。

2. 精细动作能力技能训练

精细动作能力技能训练包括对婴儿进行摸、抓、拿、握、敲、捏、取、撕、拼、插等动作的训练。

（二）发展动作技能的好处

（1）动作发展是婴儿机体生长发育的重要标志，也是生存和发展不可缺少的基本能力，婴儿有着强烈的运动欲望。

（2）身体动作为主的活动能够带动肌肉运动，促进新陈代谢和各种器官的正常发育，神经系统也会传递各个感官所接收的信息，有利于增强婴儿体质，提高健康水平。

（3）手眼协调的动作是 0 ~ 3 岁婴儿发现问题和解决问题的主要方式，也是开发智力、促进心理发展的有效手段。

（4）运动为主的教育活动可以使婴儿有多种角色选择的机会，接触更多的人际关系，利于婴儿的社会化行为培养。

(5)各种运动游戏利于增进婴儿的感觉运动能力,利于发展身体意识能力,利于增进婴儿的身心发展。

(三)动作发育的顺序和规律

(1)从整体动作到分化动作,如从双手无目的地乱动到单、双手有目的地做复杂动作。

(2)从上部动作到下部动作,如依次出现抬头、翻身、坐、爬、站立直至行走的动作。

(3)从大肌肉动作到小肌肉动作,如从头部和躯体大肌肉动作到手部灵巧的小肌肉动作。

(4)从正性动作到复性动作,如先握后放,先向前走再后退走。

(四)动作发育的特点

婴儿的动作发育是最迅速的,应根据婴儿动作发育规律的特点及运动发展的具体情况适时地给婴儿创造条件,给予培养和训练机会,促进其动作发育和活动能力的提高,促进大脑结构和功能发育的完善。在婴儿期重点是训练婴儿全身大运动和双手精细动作的能力。

二、大运动发展

大动作技能训练是婴儿身体生长、智力发展、社会行为培养的基础和途径,是婴儿大脑成熟的催化剂。通过运动,将使人脑各有关部位的神经联系更加丰富、精确。

大动作技能训练能够增强婴儿体质和体能,如抬头、翻身、独坐、爬行、站立、跑跳等动作可以提高婴儿动作的准确性、灵活性、协调性和平衡性。

大动作技能训练利于培养婴儿的毅力、胆量、自信心、自控能力和良好个性,可增加婴儿与同伴交往的机会,促进其更快地从自然属性向社会属性发展。

婴儿的动作发展包括躯体和四肢的动作发展，动作发展是测定婴儿心理发展水平的一项重要指标。婴儿期是开发运动潜能的敏感期，每个婴儿都蕴藏着无限的运动潜能。婴儿在 3 岁前的动作发展，如经常抓、触碰、爬动、走路、伸手拿东西、推、拉、转等能够锻炼手眼协调、运动技能和前庭运动能力。成人通过抚摸、拥抱和与婴儿一起做游戏，可以帮助婴儿建立安全感和自信心，使其学会与人交流及社会合作的技巧。

（一）工作内容

1. 抬头动作的教养训练

刚出生的婴儿颈肌完全无力，数天后颈部肌张力增强。新生儿能在俯卧时稍微抬头，其角度小于 45°；满月后可在喂奶前让婴儿俯卧，此时婴儿会主动抬头，下颌能短暂抬起；2 个月俯卧抬头可呈 45°；3 个月俯卧抬头可呈 90°；4 个月双上臂能撑起胸上部。俯卧抬头动作可让婴儿看到的事物与仰卧时不同，这样便引起婴儿抬头的兴趣，扩大婴儿的视野。抬头训练越早越好，但要注意不能让婴儿感到疲劳，俯卧抬头的时间随着年龄的增长可以逐渐延长。

抬头训练方法

（1）俯卧抬头。指导婴儿用两臂撑起上半身，可用镜子、玩具、画报等逗引婴儿抬头。出生 15 天后即可进行训练，满月后每天 3 ~ 4 次，每次时间可以根据宝宝的自身情况调节。

（2）竖抱扭头。大人将宝宝竖着抱起，其他人可以站在后面，用玩具逗引宝宝使其扭头。

（3）单臂支撑训练。5 个月时婴儿可以灵活地俯卧抬头，这时可在其俯卧时用玩具在一侧手臂上方逗引他抓玩具，利用抓够的瞬间练习单臂支撑体重的动作，两臂可轮流训练。

（4）正竖托抱。此方式适合 3 ~ 6 个月的婴儿，训练时间为 1 分钟左右。可用一只手托住婴儿的臀部,另一只手托其后颈,让婴儿面向上平卧在空中。把托住颈部的手举上去,由平卧渐渐变成站立,然后把婴儿恢复成平卧姿势,再将手放低,婴儿头在下脚在上。速度要快,反复几次,可使前庭系统得到充分刺激。

2. 翻身动作的教养训练

可让宝宝侧身睡,这样在宝宝醒来时他会不自主地翻身,此方法可以促进婴儿前庭平衡觉的发展。

3. 坐动作的教养训练

5 个月的婴儿依倚而坐能直起腰部,此时可以对婴儿进行扶坐竖直的动作训练。6 个月的婴儿可以用手支撑独坐,能改变姿势,身体左右旋转自如。应逐渐让婴儿学会坐这一动作。

4. 爬行动作的教养训练

6 ~ 12 个月是训练宝宝爬行的关键期,此时应为孩子创造一个可以爬着玩弄玩具的环境,对婴儿进行爬行训练。6 ~ 7 个月的婴儿在爬行时,只能原地蠕动和转动,不会向前爬行,此时大人用手抵住婴儿的两只脚,使其腿呈蛙形,以腹部为支点向前爬行,即为抵足爬行。8 ~ 12 个月婴儿可以手膝并用进行爬行,即为手膝爬行。12 个月婴儿用手与足撑起全身爬行,即为手足爬行。爬行可以使婴儿看到的范围更大,接触的事物更多,对婴儿脑的发育和语言能力的形成与发展具有重要的作用,同时对四肢运动协调能力的锻炼也有好处。

爬行游戏

(1) 练习跪。可将婴儿跪抱在成人大腿上,或当成人仰卧时,让婴儿跪在身体的一侧,用手扶着成人的身体,这时成人可以和婴儿一起看画报、玩玩具,以此锻炼婴儿膝部的支撑力量。当婴儿会用手膝爬行后就可以做爬行游戏了,可以做爬直线、爬上下斜坡、爬台阶的练习。

（2）跨越障碍。在婴儿前面放一枕头或靠垫等障碍物，可以设计一些简单的情节，在前面放一些色彩鲜艳，能够发出声音的玩具，或是编一个故事，以此来增加婴儿练习爬行的兴趣，鼓励婴儿爬过障碍。

（3）四肢协调爬行练习。让婴儿手膝着地，腹部离开床面，四肢协调爬行，如果腹部不能离开床面或不能向前移动，可用手托住或用长围巾兜住婴儿腹部，用玩具引导其进行爬行训练。

5. 下肢动作的教养训练

新生儿有踏步反射。当婴儿2～3个月大时可以在其面前吊一个大球，先扶着宝宝的小脚，让他蹬大球，这是被动运动，然后再让他自主地蹬大球，这是主动运动。4～5个月宝宝可以四肢抱球，练习下肢上举的能力。6个月时扶抱婴儿双腋下，让婴儿在成人的腿上试着做上下跳跃运动，练习踝关节和膝关节的活动能力，增强腿的支持力。8个月时用双手搀扶着训练婴儿站立片刻。9个月时可扶着婴儿双腋下让婴儿练习迈步。10个月时可让婴儿扶着栏杆站立或走来走去。11～12个月时婴儿可以被搀扶着走步，要逐渐训练他独立行走的能力。行走是婴儿神经发育与智能发育的一项重要体现，对婴儿的运动功能来说是很重要的。学会直立和开步走是婴儿身心发展过程中一次大的飞跃，婴儿能够独立地移动自己的身体，可以大开眼界、增长见识，促进智力发展。学会站立是开步行走的先决条件，会站不一定会走。婴儿用双脚支撑起自己的身体重量时需要肌肉力量使踝部、膝部、腰部、颈部克服地心引力，保持身体平衡需要前庭平衡系统充分配合，婴儿经过仰卧、翻身、爬行等阶段的训练，对重力的作用、方位的改变以及关节活动都有了体验，为站立和行走打下了基础。

下肢训练方法

（1）两腿交叉训练。在婴儿腹下垫个枕头，呈俯卧位，成人用双手抓住婴儿的踝部，做前后弯曲的动作，可交叉进行训练。

（2）学会站立。适合9～12个月的婴儿，每次练习时间为1～2分钟，每天次数

可随时做。训练方法如下:

①攀物站起。把婴儿抱到椅子、桌子、沙发旁边,诱导婴儿扶东西站起来。

②坐膝站起。成人盘腿坐在地上,让婴儿坐在腿上,帮助婴儿站起来再坐下、反复练习。

③坐椅站起。让婴儿坐在高度适当的椅子上,练习站起来再坐下。

(3)练习走路。适合 10 个月 ~2 岁的婴儿,每次练习时间为 1 ~2 分钟,每天次数随时可做。训练方法如下:

①移步行走。让婴儿站在成人的脚面上,两手扶着婴儿腋下,迈着适合的小步子带动婴儿两脚向前走。

②扶东西走。让婴儿扶着墙壁或家具练习走路。

③推小车走。让婴儿推着小车练习走路。

④跨越障碍。在地面上摆一些书、枕头之类的障碍物,让婴儿跨越过去,可以练习单脚站立能力。

⑤用脚尖走路。可以编一些故事,让婴儿模仿长颈鹿走路的样子,踮起脚尖走路,增加练习的趣味性。

注意事项:每次练习的时间要短,练习次数可逐渐增加。患有佝偻病的婴儿,不宜长时间练习走路,以防形成 X 型或 O 型腿。

(4)学会跑。适合 1.5 ~3 岁的婴儿,每次练习时间为 5 ~10 分钟,每天次数为 2 ~3次。1 岁半左右的婴儿,当行走自如时就开始练习跑,跑不稳的时候,常常自己停不下来,训练时可分成几个小步骤:

① 抱着跑。由成人抱着婴儿变换不同的速度、不同的方向跑,刺激婴儿耳内半规管的适应能力。

② 逗着跑。将皮球或叮当作响的铁罐用力向前滚作为目标,让婴儿去抢皮球或铁罐,成人也可参与其中,增加婴儿学习的乐趣。

③ 牵手跑。成人和婴儿面对面,相互牵手,成人慢慢向后退,待婴儿适应后只牵一只手,再练习。跑时不要用力握婴儿的手,尽量让其自己掌握平衡。

④ 放手跑。成人在距离婴儿 2 米远的地方蹲下来,鼓励婴儿快速跑过来,到达

以后将婴儿抱起以示鼓励。

⑤ 自动停稳跑。成人在婴儿跑时喊口令“一、二、三、停”，使婴儿渐渐学会将身体伸直，步子放慢，平稳地停下来。

（5）学会跳。适合 2 ~ 3 岁的婴儿，每次练习时间为 1 ~ 2 分钟，训练方示如下：

①背着跳。由成人背着婴儿慢跳、高跳、快跳，让婴儿逐渐适应跳的感觉。

②原地跳。让婴儿学会两脚同时用力起跳，具体训练方法可采取成人提着婴儿双手跳，放开一只手跳，跳时应配合口令，便于婴儿起跳准备。

③从高处跳。让婴儿站在 15 ~ 20 厘米高度的台阶上，由大人扶着往下跳，从近距离开始，注意地面和周围环境有无硬件、尖锐障碍物等。

④立定跳远。跳时两腿先弯曲，身体略前倾，手臂向后伸直，呈飞机状，做好起跳准备。2 岁半左右的婴儿可以双脚并拢在原地向前跳 15 厘米左右。

（6）学会攀登。攀登是婴儿喜爱的运动，可以训练手脚的协能力和前庭平衡系统，培养婴儿的勇气和胆量，适合 1 ~ 3 岁的孩子。训练用具有椅子、桌子、沙发、床等。1 岁的婴儿可以训练其爬椅子并转过身来坐下，2 岁时可训练其爬椅子、桌子来够取玩具，3 岁时婴儿能够在攀登架上做钻、爬、攀登等动作。在给婴儿提供练习攀爬机会的同时要做好安全保护工作。

（7）球类游戏练习。球是婴儿最感兴趣的玩具之一，不同年龄的婴儿可以用不同的方法玩球。球类游戏的基本动作包括滚、接、扔、踢、拍、投等，通过训练这些基本动作，可以锻炼手臂和身体的协调平衡功能。此方法适合 1 ~ 3 岁的婴儿，每天练习时间 1 ~ 3 分钟，训练用具有气球、皮球等大小规格、软硬质地不同的球。

①滚球。成人与婴儿面对面坐下，把脚分开，轮流将球推滚给对方，在抓接球的过程中，训练婴儿的手眼协调能力。

②抛球。让婴儿抓着球用力往外扔，可以在墙面、地上画一些明显标志增加婴儿练习兴趣，可以训练婴儿放松肌肉和关节。

③踢球。把球放在地上，让婴儿踢着球走。

④够球。把一个颜色鲜艳的球悬挂在头上方，高度为婴儿手指尖差一点能触到为好，鼓励婴儿努力跳起来碰到球。

(二)注意事项

(1)训练运动技能要循序渐进,不可操之过急。

(2)选择适合婴儿年龄特点的训练项目。

(3)确定合理的强度、时间、效率和类型。

(4)要综合多样,持之以恒。

(5)要使婴儿感受到成功的乐趣,在不知不觉中收到锻炼的效果。

三、精细动作技能训练

婴儿精细动作的发展主要体现在手指、手掌、手腕等部位的活动能力。心灵手巧说明手的灵活性会给人的一生带来重要影响,良好的操作能力可体现人的基本素质,是学习特殊技能的前提条件。

0~3 岁是婴儿精细动作能力发展极为迅速的时期。婴儿最初是用手来感知事物的属性和事物之间关系的,如布娃娃是柔软的,积木是硬的,玻璃是光滑的等。

精细动作的发展顺序,从用满手抓到用拇指与其他四指对握,再到食指与拇指对握,代表着婴儿大脑神经、骨骼肌肉、感觉结合的成熟程度。

婴儿手动作从无意识到有意识,从不随意到随意的动作发展都与大脑的功能发育有关。手动作的教养训练是早期教育的重要内容。

精细动作训练主要包括握、捏取、压搓、折叠、捆绑、对击、点指等方面的操作能力。

(一)工作内容

1~2 个月新生儿手指紧张,总是握着拳头,这是新生儿普遍存在的屈曲过度的原因。一直到 4 周岁以后,他们的手指才处于放松状态,手才张开。这时可将色彩鲜艳的玩具悬挂在适当的位置,让婴儿用手碰触,父母也可以经常用手和玩具去碰婴儿的手,有意识地把一些小玩具放在婴儿手中,练习婴儿手的触摸能力,让婴儿逐步学会用手触摸玩具等物品。

婴儿在3个月时握紧反射消失后，才能试着用手握东西，哺喂时双手能扶住奶瓶，会玩弄自己的手和手指。3~4个月的婴儿，由于手眼不协调，看到的物体还拿不到，可经常把玩具放在婴儿手中，帮助婴儿学习抓握物品。在婴儿前方悬挂易摇响、易抓弄的玩具，多让婴儿练习抓握动作，训练手的抓握能力，培养手眼协调能力，使婴儿能较长久地玩弄玩具。

5~6个月的婴儿仰卧时能自如用手抓自己的脚，可以把奶瓶放进嘴里，能抓握带柄的玩具。这个时期，要经常在婴儿面前放一些玩具让婴儿练习手的抓握。玩具可以大小不一，距离从近至远，让婴儿主动抓握玩具，并摇动带响声的玩具和敲打玩具，来吸引婴儿的注意力。把花铃环摇响，教婴儿去模仿，也可以拿一些纸让婴儿撕扯，使婴儿的手指有目的地活动起来。

7~9个月的婴儿手眼协调能力和手的活动能力都增强，已经学会摇晃敲打玩具，并能用两只手拿住东西，会拍手，能用拇指和食指将小物品捏取起来。这个时期主要是培养和训练婴儿用手指捏拿小物品，如小球、珠子等，并把它们放进盒里或装进瓶子的手眼协调能力。婴儿能有意识地丢弃东西，在婴儿拿起物品时，要及时有意识地拿起和放下，进一步增强婴儿双手的抓捏、传递、摇晃等能力。

10~12个月的婴儿手的动作的灵活性逐步增强，不但能把小物品放在盒子和碗里，还能从盒子和碗里把小物品拿出来，能敲打小玩具，也可以转动和摇动玩具，能把环形物套在小棍子上，能将一块积木放在另一块积木上。对这个年龄段的婴儿，要多提供各种玩具，利用玩具和简单游戏，逗引婴儿手的抓捏、捏拿、搓揉、翻揭、撕扯、折叠等动作的灵活性，逐步发展手做复杂动作的能力。

1~2岁婴儿应围绕自己吃饭、穿衣、洗澡等日常生活行为进行训练。

（二）选择和设计婴儿精细动作游戏要遵循的基本规律

1.屈伸规律

屈伸规律包括手臂屈伸、腕部屈伸、手指屈伸、膝部屈伸、踝部屈伸、脚趾屈伸等。

2. 左右规律

左右规律如手臂左右运动、腕部左右运动、手指左右运动、膝部左右运动、踝部左右运动、脚趾左右运动等。

3. 旋转规律

旋转规律如腕旋转、指旋转、踝旋转等。

4. 对称规律

对称规律如两手对捏、双手拿杯、双手鼓掌、双手串珠、双脚夹物等。

5. 五指共用规律

一般手指练习主要关注拇指、食指、中指,很少刺激无名指和小指。因此,要增加无名指、小指的练习内容。

6. 速度规律

精细动作练习的目的一定要体现出速度,但在开始训练时应以熟练为主,运用多种方法配合练习。

(三)局部按摩

从出生后开始对婴儿的肩膀、手臂、手心、手背、手指、手腕进行按摩,可促进肌肉放松和血液循环。

(四)触摸抓握

准备一些婴儿可以抓满手的东西进行触摸抓握训练,如铃铛、海绵、橡皮玩具等,让婴儿反复练习握掌、伸掌的动作。在家里或托幼机构中摆一些小巧玲珑的东西吸引婴儿的注意,如小块积木、塑料盖、小铃铛、海绵条、毛绒玩具、橡皮娃娃、吹气玩具等，最好形状、颜色、质地各不相同，抓握的距离也经常变化。通过接触各种不同质地、形状的东西，可以丰富婴儿的触觉经验，锻炼手的抓握本领。

（五）敲击练习

准备一些可以敲打的玩具，让婴儿随时拿过来互相敲打。练习抓一些移动不易抓住的玩具，如在健身架上悬吊的塑料球等。

（六）双手协调训练

双手协调训练适合年龄3个月~3岁的孩子，可结合日常生活随时随地练习。

1. 双手抱物

喝牛奶时，让婴儿自己两手握住奶瓶，自己送到嘴里，喝完后自己拿开。

2. 捏取练习

在给婴儿添加固体食物时，可以把饼干或烤馒头片掰成小块，放在干净的盘子里，让他自己捏着吃，这样可练习拇指、食指对捏。

3. 生活练习

让婴儿做自己力所能及的事情，如打球、拍手、吃饭、喝水、拿水果、穿脱衣服、搬椅子、擦桌子等。

4. 技巧练习

（1）撕纸。9~10个月的婴儿掌握了对捏的本领后，就会寻找一切机会尝试刚学会的操作技能。为了满足这种能力发展的需求，可以给婴儿准备一些干净的纸，先撕一些小口子让他进行练习，撕纸发出嘶嘶作响的声音以及纸的大小变化，能够极大激发婴儿的兴趣。

（2）入瓶。可以训练1岁左右的婴儿捏起小糖丸放进直径约3厘米的透明玻璃瓶内,这样可锻炼手指的灵活性和准确地将东西放入瓶中的技巧。

(3) 折叠。用长方形等不同形状的纸或手绢进行练习。

(4) 捆绑。用线绳或鞋带练习打结。

(5) 逐页翻书。与9个月~2岁的婴儿一起看婴儿画报或图书,开始时可能会一次翻过好几页,成人可先将手放在一页的下面,帮助他翻过来,还可用一张照片放在下面,使之在翻开一页后找到照片。反复用慢动作示范和练习,就可以使婴儿熟练掌握翻书技巧。

(6) 捏橡皮泥。让2岁半左右的婴儿将橡皮泥或一小块面团搓成条状,用手掌压扁就成了烧饼,攥起来就是一个圆球,在上面插一根火柴棒就是苹果,还可以捏成各种小动物,办一个动物园,捏成人和家具,玩过家家游戏,以提高婴儿学捏橡皮泥的兴趣。

(7) 左右手协调动作。科学研究发现,左脑接受右侧身体传来的感觉并支配右侧身体的运动,而右脑恰好相反。开发左右手,利于开发左右脑的功能。婴儿2~3个月时可以双手对蹭,4~5个月时可以双手抱瓶喝水,还可以练习双手对捏,鼓掌欢迎,双手搬、捏、推东西等动作。为使婴儿成为思维敏捷、善于操作、想象丰富、勇于创造的左右脑均衡发展的人打基础。

(七)手眼调协训练

此项训练适合6个月~3岁的婴儿,可用各种玩具进行训练,每次练习时间为1~3分钟,次数不限。

1. 造型组合

让婴儿用长、方、圆等不同形状的积木或插塑玩具,按各种造型进行组装。

2. 串珠子

让婴儿把中间有洞的珠子用丝线串起来练习手眼协调能力。

3. 绘画

准备纸和笔,1岁以内的婴儿可在纸上随意乱画,1岁半左右可以模仿着画出直线、方框等形状，2 岁以前的婴儿可用蜡笔、油画棒、彩色水笔、磁性画板笔、铅笔、圆珠笔等模仿绘画，可在未完成的图画如小房子上添加一个窗户，甚至创作一个气球、一块带芝麻的烧饼、一条小鱼、一个人脸等。还可让婴儿用手指蘸水，在带有热气的玻璃、茶几上画，或用小棍在沙土地上信笔涂鸦。

4. 学习折纸

2 岁半的婴儿，可以将纸叠成边角基本整齐的方块，在成人指导下可以折出方形、长方形和三角形。

5. 学用筷子

给婴儿准备一双小巧的玩具筷子，指导婴儿用拇指、食指、中指操纵第一根筷子，用中指和无名指控制第二根筷子，练习用筷子夹起盘中物品。在进餐时不要怕婴儿把饭菜洒在桌上，要鼓励婴儿用筷子将食物送到嘴里。

6. 学剪贴

选购一种儿童专用的带塑料套的钝头剪刀。初学时，婴儿可能常常会将纸夹在剪刀缝里，反复训练婴儿用食指将剪刀两片靠拢并将纸剪开。成人准备好纸条，画一些正方形、三角形的图案，可以先将纸剪开一个小口，再让婴儿接着剪。帮助婴儿用浆糊把剪下的图形粘在纸上。婴儿用剪刀时要有成人监护，防止婴儿碰伤自己或伤及别人，剪刀用完后要套上塑料套收好，不要让婴儿轻易拿到。

第二节 智力开发

一、认知能力

婴儿时期的认知能力是所有能力、情感、行为习惯发展的基础，是今后学习求知的基础。从出生时开始，婴儿就有探索周围世界的强烈愿望，并且有其自身发展规律。例如，在玩玩具过程中，婴儿不仅要了解玩具本身的特征，还要获得操作玩具的经验。在发展婴儿认知能力的过程中，要保护好奇心，培养其主动学习的兴趣和习惯，鼓励他们自己发展，自由探索，自行解决问题。

（一）认知训练

智力就是人的认知能力的特征。智力开发主要是通过各种手段提高婴儿的认知能力。婴儿从出生开始，就敞开着心灵“窗口”——眼、耳、鼻、舌和皮肤等感觉器官，具备了会看、能听、有味觉、有触觉的生理基础。新生儿的大脑有上亿个神经细胞，如果经常从“窗口”给予婴儿适宜的刺激，婴儿就可以学习、接受和处理各种信息，这就是智力发展的基础。

婴儿认知能力包括感知、注意、学习、记忆、思维和想象等多种能力，婴儿需要在丰富而适宜的探索环境中发展认知能力，在观察、动手操作和思考中认识世界。

每一个正常的婴儿都具有惊人的学习能力。成人可以跟随婴儿探索的兴趣，创设丰富的环境，启发婴儿自主学习。通过视觉、听觉、触觉和前庭平衡方面的训练，可以大大提高婴儿大脑的感觉综合功能。

1. 工作内容

（1）视觉训练的方法

注视活动

适合年龄：0～3个月

训练时间：1分钟左右

每天次数：随时可做

选择硬纸片自制成黑白两色的卡片，规格（20×30）厘米，其上绘有靶心图、棋盘图等对称性图案，也可以是爸爸、妈妈、宝宝的放大彩色照片，或是拆开的《婴儿画报》。将卡片放在距离婴儿30厘米左右的地方，让婴儿练习注视，每次20～30秒。

图或字卡可 3～5 张为一组，每隔 2～3 天更换一次，尽量在婴儿面前呈现一个内容丰富的艺术画廊。展示的方式和位置要经常变换，使婴儿保持新鲜感，这是训练颜色、图形、知觉和注意力的好方法。

追视活动

适合年龄：3～12 个月

练习用具：乒乓球、笔、小艺术品等

练习时间：10 秒钟

用一个直径约 10 厘米的红球、吹气动物或娃娃，最好用绳子吊着，放在婴儿眼前 30 厘米的地方，待其注视后，再从左到右，从上到下，由近及远或呈环形缓缓移动，让婴儿的视线追随移动的物体。要经常变换移动物体的方向和位置，同时还要讲出图、字、卡、玩具的名称。

配对游戏

适合年龄：1～3 岁

训练用具：图片、小物体

训练时间：1～2 分钟

把两个形状相同的图片或动物放在许多不同种类的玩具当中，让婴儿在较短的时间内找出相同的东西，培养婴儿分辨异同的能力。

（2）听觉训练的方法

熟悉语言

适合年龄：0～6 个月

训练时间：10～20 秒

每天次数：不限

婴儿出生后，就具备了接受成人谈话、物品敲击、汽车喇叭等外界声音的能力。大人可把婴儿抱起来，面对面地与之说话，或以婴儿躺着的地方为中心，从不同角度不断呼唤婴儿的名字,听到后婴儿会转过头来寻找声音来源,不久就能辨认出家人的声音,听懂自己的名字,找出声音发出的方位。无论是在喂奶、洗澡还是换尿布的时候,都要用温柔、亲切、富于变化的语调,告诉婴儿你正在做什么。还可以每天给婴儿念节奏鲜明、句子短小、朗朗上口的儿歌或歌谣,临睡前为婴儿读《婴儿画报》、讲故事等,声调要抑扬顿挫,面部要富有表情,有意识地培养婴儿的语言接受能力。

追声寻源

适合年龄:3~12 个月

训练时间:10 秒钟左右

每天次数:不限

练习工具:所有可以发声的东西

婴儿睡醒后,用花铃棒、八音盒、钟表、小杯和小勺、橡皮捏响玩具等多种发声物体训练婴儿的听觉辨别力和方位感。可先将各种发声物体在婴儿的视线内进行演示,并告诉其物品的名称,待其注意后再慢慢移开,让婴儿追寻声源,当辨出声源后,再变换不同距离或方位。还可以把动物的叫声,电话声,火车、汽车等声音的录音放给婴儿听,使他更多地熟悉生活中的事情。

音乐训练

适合年龄:3 个月~3 岁

练习时间:3~5 分钟

练习次数:根据需要确定

每天可以结合婴儿起床、喂奶、做操、游戏、入睡等日常生活环节,在固定的时间播放节奏明快、旋律优美的音乐,既可增强婴儿音乐记忆力,又能帮助其建立良好的行为习惯。还可以把模仿动物叫声和大自然中某些声音的音乐配上相应的实物或图片,让婴儿看一看,摸一摸,使听觉、视觉、触觉都得到综合训练。

亲自阅读

适合年龄:10 个月~3 岁

练习用具:图书、图片

练习时间:5~15 分钟

成人把婴儿抱在怀里,共同翻看色彩鲜艳、图文并茂、内容健康的图书或图片,对内容进行讲解。讲一页让婴儿自己翻一页,以婴儿为主体,愿意听的地方就多讲,不愿意听的地方就忽略,久而久之使婴儿对看书产生兴趣,养成阅读的好习惯。这类活动可以使婴儿有一种安全、温暖和被关爱的感觉。

讲解时应注意的问题:要随时用手势、肢体语言、面部表情把书中的情节表现出来,用声音表现书中人物的喜怒哀乐,尽量使用通俗的,婴儿听得懂的语言。

(3)触觉训练的方法

皮肤按摩

适合年龄:0~6 个月

训练时间:20 秒左右(不同部位)

让婴儿躺在床上或将其抱在怀里,可以轻轻揉揉他的小腿、大腿,轻轻拉拉婴儿的手和脚,用揉、抓、弹、压、拉、捏等各种方式,与婴儿的身体器官产生接触。

触摸自然

适合年龄:6 个月~3 岁

练习时间:不限

在天气好的日子里,带婴儿到有花草树木的地方,让他用手去摸树叶、树皮、花、石头等,帮助婴儿认识树的品种,树叶的形状,辨别花的颜色,充分利用自然的资源,让婴儿去摸、去看、去听、去感受,使之通过自己的眼、耳、鼻等感觉器官来吸收各种信息,获得各种体验。

(4)前庭平衡训练的方法

婴儿从学会站、坐、走、跑、跳等基本动作到会读书、写字、语言表达,以及日常生活中的喜怒哀乐表达都与前庭平衡系统有密切的关系。

正竖托抱

适合年龄:3～6个月

训练时间:1分钟

用一只手托住婴儿的臀部,另一只手托其后颈,让婴儿面向上平卧在空中。把托住颈部的手举上去,由平卧渐渐变成站立,然后把婴儿恢复成平卧姿势,再将手放低,婴儿头在下脚在上。速度要快,反复几次,可以使前庭系统得到充分刺激。

浴巾游戏

适合年龄:6个月～2岁

练习工具:小棉被或毛巾被一条

练习时间:30秒～2分钟

将棉被或毛巾被摊开铺平,让婴儿俯趴在上面,头要抬起,成人站在两边,各拉起棉被的两个角,动作要协调一致,一个拉,一个送,让婴儿有向前冲或向后退的感觉,可以前后晃,左右晃,还可以原地转圈,顺时针三圈后再逆时针三圈,或抱着婴儿转三圈。

(5)认识综合训练的方法

可以通过看一看、听一听、摸一摸、闻一闻对婴儿进行综合性的感知觉训练。每天选定一件新鲜事物,如时间、空间、大小、多少等,有针对性地对婴儿进行训练。准备一个笔记本,将婴儿认识的东西按照食物、家具、动物、植物、日常用品、玩具、人体、交通工具、学习用品、建筑、天气、山水等进行分类。

举例:认识自己、家人及其相互关系

适合年龄:3～12个月

练习时间:随时进行

3个月左右的婴儿能够通过照镜子认识自己,5～6个月时可以用手指指认自己的五官,7～10个月可以认识常见的亲人,2岁半左右能够明确说出自己的性别,并了解亲人之间的关系。通过经常看相册婴儿可以了解亲人之间的相互关系,认识每个人的不同职业。可让婴儿指着照片向客人作介绍,学会说出自己的家庭地址,父母姓名、单位与地址。

训练婴儿听到一个新的物品名称后会主动寻找,并能够把名称与实物联系起来。

2. 训练时要注意的问题

(1)挑选婴儿最感兴趣的东西。

(2)多次重复,强化记忆(需要重复十几遍甚至几十遍才有效果)。

(3)使用简洁、正规的语言,如不要把汽车说成"滴滴",把电灯说成"亮亮"等。

(4)对同一类东西要提供不同的样品,如灯就包括吊灯、台灯、壁灯、路灯、车灯等等,使婴儿从具体到抽象,逐步理解"词"的概括作用,发展思维能力。

(二)学习分类和概括

在婴儿熟悉常见物品名称并了解各种物品属性的基础上,为其准备一个"百宝箱"。把各种各样的小东西,如小火柴盒、小瓶盖、微型手电、乒乓球等装在这个盒子里,以供婴儿随时摆弄。可以让婴儿进一步了解和观察,如物品的颜色、形状、软硬、厚薄、大小、粗细、轻重、冷热、里外、上下、前后、左右,物品的性能,是否能弹跳、滚动,扔在地上有无响声,是否能分开、组合,能否放进去、取下来,物品的用途,如球是玩的,笔是画画的,杯子是用来喝水的。让婴儿逐步按物品的表面特征(颜色、形状、大小)进行分类或按用途(吃、穿、玩、用)分类。

1. 学会分类和概括的游戏

(1)匹配游戏

找一些动物图片,如小狗、小兔、小鸡,以及其他物品的图片如骨头、大萝卜、小虫等,然后问婴儿:"小狗最爱吃什么?小兔最爱吃什么?"让婴儿根据动物的习性,把食物与动物对应起来。也可放一些实物,如玩具、勺、老花镜、毛笔、报纸等让婴儿进行分类。

“四挑一”的游戏方法为选取婴儿认识的 4 张图片,其中 3 张是同一类的,如香蕉、苹果、梨,另一张是汽车,让其从这 4 张图片中挑出那张不是同一类的图,并说出原因,建立分类的概念。

(2)找图缺

用纸描画出一些动物或物品,故意少画一个重要部分,如大象的鼻子、汽车的轮子等,让婴儿找出来并画上,以训练其注意力、观察力,了解局部与整体的关系。

(三)掌握数的“三部曲”

数学是训练思维能力的体操,数学教育是婴儿智力开发的重要内容之一。婴儿数的概念发展可分为三个阶段。

1. 会背数

有的婴儿 1 岁半左右就能从 1 背到 10,3 岁能背到 50 ~ 100,但不等于已掌握数的概念。

掌握数的概念,要会手口一致地点数,能说出“一共”有几个,了解数序的概念,并能理解口中念的数与实物的对应关系。

2. 数的分解和组合

知道 3 是由 1 和 2,或 2 和 1,或 3 个 1 组成的,能够进行初步计算。

掌握数的概念的训练的方法:在同婴儿一起做操或上楼时,应着节奏为其背数,反复练习,使婴儿掌握数的概念。经常念与数有关的儿歌,如“一二三四五,上山打老虎”“一二三,三二一,一二三四五六七,七六五四三二一”等,边念边拍手。富有韵律的背数歌,可以使婴儿较快学会数数。

3. 学数数

从 1 ~ 10,遇 9 进位是背数的难点,做好让婴儿学认 1 ~ 9 这几个数字,并按顺序写在大卡纸片上。遇到该“拐弯”的时候,用手指着应进位的数字,接着往上念。也可专门反复念17、18、19、20或27、28、29、30、37、38、39、40，以此类推。

手口一致点数的方法

（1）用方积木拼成“火车”，把一块积木当成一节车厢，一个接一个地排，一边排一边教婴儿数数。

（2）画10张相同的小兔或萝卜图片，出示一张小兔图片后，让婴儿找出手中一张小兔图片接在下面。

（3）从桌面上放着的相同的食物中取出两个，再让婴儿拿出一样的小食物摆在一边，并说出一共有几个。

（四）注意事项

（1）激发婴儿好奇心，让婴儿多说、多听、多看、多摸、多动。

（2）给予婴儿适度帮助，尽量不给答案。

（3）不要强迫婴儿学习。

（4）多鼓励婴儿学习。

二、语言发展训练

0～3岁是学习语言的最佳时期，此时大脑皮质的语言区特别敏感，容易对听到的语言进行记录和整理。

语言是婴儿与同伴和成人之间进行沟通的工具，面部表情、肢体动作和哭、笑声都可以正确表达婴儿的感受和需求。

学习语言是一种自发性的，自然的过程。学习语言有利于促进婴儿智力的发展。

一般来说，从出生到1岁是语言的准备期，这个准备期包括语言产生和理解两方面的准备。新生儿会用哭声表达需要别人关爱的需求，用e，o，a等发音表示愉快。2~3个月的婴儿能主动发出笑声,并与成人进行应答,4~5个月时能发出ma,ba的声音,8~9个月时能把自己的动作与成人说的词义联系起来,可以听懂和理解别人的话,但还不会表达。这时成人需要经常与婴儿说话,让婴儿模仿成人的口形联系发音,从发元音到发辅音进行反复训练,让婴儿在练习过程中理解发音的含义和方法。

1. 发音训练

(1) 模仿婴儿的声音

适合年龄:3~9个月

每天次数:随时进行

婴儿睡醒后或者高兴时会发出"啊""呀"的声音,这时的口形与啼哭不同,成人可用同样声调进行模仿,与婴儿进行相互交流。

(2)多与婴儿聊天

可经常呼唤婴儿的名字,帮助其作出相应的反应,与婴儿讲自己正在做的事情。

让婴儿模仿成人的口形进行发音,使婴儿能够逐渐控制嘴巴和舌头的肌肉,使发音的本领更加熟练。

(3)帮助婴儿理解语言

尽量把与婴儿生活有关的人、动作、物品名称和使用的动词联系起来,帮助婴儿理解语言的含义,加深对词的印象。

(4)动作回应

适合年龄:6个月~1.5岁

练习时间:30~60秒

帮助婴儿认识自己的器官。开始成人可以利用自己的身体教婴儿进行辨认,如说鼻子时就用手指一下自己的鼻子。多次训练后,可让婴儿指认自己的器官,如说耳朵,就拿着婴儿的手去摸他自己的耳朵。

帮助婴儿认识家人,告诉婴儿这是爸爸,那是妈妈,爸爸叫什么名字,在哪上班。反复训练后,由成人问"谁是爸爸?""妈妈在哪"让婴儿自己来寻找和指认。

(5)看图说话

适合年龄:6 个月 ~3 岁

练习用具:《婴儿画报》或图书

练习时间:看图说话 3 分钟

把婴儿抱在怀里或让其坐在腿上,选择一些自然科学方面的图书,一边看,一边讲,看一页翻一页。

介绍内容时要言简意赅,如“这是狮子,那是老虎”,等有了初步印象之后,再配合画面作些说明,如“老虎在跑,小白兔在跳”等。

可以围绕图片内容提出相关问题,如“哪个是大象? 它的鼻子在哪里?”“小羊在哪里吃草?”如果婴儿能够用手指出来,说明已经理解书中的意思。

把陪婴儿看书作为一种乐趣,一种游戏,帮助婴儿学习说话,提问不要操之过急。

(6)感受实物

选择婴儿生活环境中比较熟悉的东西,摆放在可明显辨认的地方,讲解时要发音清楚、准确,尽量使用儿童语言。

如认识台灯,可以抱着婴儿坐在台灯前,拉着婴儿的小手去摸摸灯罩,把灯打开再关上,反复几次,增加婴儿的学习兴趣。然后抱婴儿走到另一个房间,问“台灯在哪?”观察婴儿是否用眼睛寻找,如果找到了就要给予赞扬。

(7)看图讲故事

适合年龄:10 个月 ~3 岁

练习时间:1 ~3 分钟

练习次数:不限

参照图书给婴儿讲故事,不仅可以增加婴儿语言的感觉,还可以强化婴儿对语言的记忆,为其将来开口说话作充分准备。

1 岁以后,可以让婴儿按照图片的画面进行讲解。开始先由成人讲一遍,让婴儿复述,熟练后,由婴儿讲给成人听。成人要根据画面多提问题,增加婴儿说话的机会。

通过看图讲故事的训练,可以使婴儿懂得许多道理,明确事物之间的因果关系,启发其想象力和创造力。

(8)我问你答

一般来说,婴儿比较喜欢用对答的方式进行交流。因此,可以根据生活的各个环节,经常提一些婴儿熟悉的人和事的问题,让婴儿进行回答,如“你叫什么名字?”“谁在唱歌?”“电视里的小朋友在干什么?”“照片里有几个人? 都是谁?”等等。在婴儿回答时可以适当地对其进行启发,并给予思考的时间,有意识地对婴儿进行语言和思维方面的训练。

(9)练习日常用语

适合年龄:1 ~3 岁

练习时间:随时进行

在日常生活中,经常使用一些“是”“不是”“要”“不要”“我的”“你的”“这个”“那个”“什么”等表示时间或状态的生活用语,要有意识地帮助婴儿正确使用这些用语。

利用布娃娃等玩具进行练习,先把玩具藏起来,一会儿再拿出来,教婴儿理解“没有了”“不见了”等概念。

利用平时的对话,帮助婴儿理解“是”“不是”“不可以”“不能”“不会”等代表否定的词语。

通过在生活中多给婴儿提问的方式,帮助婴儿理解“是不是”“要不要”“好不好”“在哪里”“怎么样”等用语,增加婴儿说话的机会,提高其思考问题的能力。

借助游戏的方式进行造句,帮助婴儿理解“你的”“我的”“他的”等用语。

利用与婴儿对话和聊天的机会,帮助婴儿理解“刚才”“然后”“必须”“可能”“就”“如何”等生活用语。

(10)练习儿歌

练习儿歌和童谣是婴儿学习语言的最好方法。

适合年龄:1.5 ~3 岁

练习时间:1 ~5 分钟

选择一些语句简单、有节奏感、有变化、容易上口的童谣或儿歌，特别是一些带故事情节或操作性强的儿歌会更容易被婴儿接受。

婴儿不会说话时，可以跟着成人背诵的节奏做动作，过一段时间便可以随着成人说出最后押韵的字，渐渐就可以逐步说出完整的儿歌。

成人可以做一个忠实的听众，认真欣赏婴儿背诵的儿歌。

2. 阅读练习

阅读练习是语言发展训练的组成部分，是训练语言的基础。阅读不仅是用眼睛来看，而且还要依靠听觉、触觉、前庭平衡的协助来理解，两者是相辅相成的。

练习方法如下。

(1)安排好合适的时间，每天 3 ~ 4 次，每次 5 ~ 10 分钟，应在婴儿吃饱、睡好、精神饱满的前提下进行练习。

(2)选择合适的教材。一般来说，阅读练习教材分为图片和图书两大类。教材要色彩鲜艳，线条和形状清晰，图形简单，形象自然、逼真。主题以婴儿比较熟悉的自然科学或生活事物为主，如动物、植物、交通工具、日常生活用品、活动场所等。

(3)培养婴儿的阅读兴趣，成人要用丰富的词汇、表情和手势耐心地、反复地讲解书中的故事，以激发婴儿的阅读兴趣。

第三节　社会行为及人格培养

社会行为和人格培养主要是引导婴儿如何在群体中与别人相处，培养婴儿健康、稳定的情绪。婴儿在 3 岁之前是社会行为和个性情感培养的最佳时期，良好的教育能够帮助婴儿建立自我意识，获得各种生活的技巧；能够培养婴儿的社交能力，建立良好的人际关系；能够发展婴儿健康的情绪，鼓励婴儿主动探索事物；还能够培养婴儿的道德情操和美感。

在 0 ~ 3 岁阶段婴儿情绪不稳，也不能完全理解别人的意图，处理与同伴关系的能力较差。随着语言理解能力的提高，社会经验的积累，婴儿渐渐会表现得比较“成熟"和"老练"。这时应该理解婴儿的情绪变化,尽量让他们在愉快的情绪中获得更多的体验,培养积极、乐观、向上的态度。

婴儿的社会行为和人格的培养是使婴儿适应社会环境和具有社会交往能力的关键,主要包括:培养婴儿生活自理能力、社会交往能力和保持良好的情绪等方面的内容,它能使婴儿个性和潜能得到充分的发展。

一、培养婴儿生活自理能力

科学合理地安排婴儿的生活是保证婴儿全面发展的基础。培养婴儿良好的生活习惯,有利于促进其身心的健康发展;培养婴儿的生活自理能力,有利于其个性的发展。培养婴儿生活自理能力必须根据其年龄特点进行。

(一)培养婴儿良好的睡眠习惯

充足的睡眠是保证婴儿生长发育的重要条件。良好的睡眠习惯可以保证生长激素的分泌,促进婴儿身高、体重的增长,也是帮助婴儿调节情绪的重要方法。

(1)独立睡眠。让婴儿单独睡一张小床,可以保证睡眠质量,克服依赖性。

(2)自己入睡。让婴儿养成不用成人哄抱、摇晃就能入睡的好习惯。

(3)按时睡觉。让婴儿每天按照规律的作息时间睡眠。

(4)按时起床。让婴儿每天在一个相对固定的时间起床,不要养成睡眠后再床上玩耍的习惯。

(5)做好入睡准备。让婴儿每天按照固定的时间和同样的程序安排婴儿睡觉,帮助婴儿建立睡眠条件反射,尽快进入睡眠状态。

(6)纠正睡眠姿势。让婴儿自己选择一个舒服的姿势,3 个月以内的婴儿不要采取仰卧睡姿,防止因溢奶而窒息,要随时纠正吃手、啃玩具、蒙头、趴睡等不良习惯。

(7)按时起床。结合婴儿穿衣服等活动培养婴儿的动作协调性和语言能力。

（二）培养婴儿良好的饮食习惯

食物是婴儿生长发育的物质基础，婴儿进食习惯的好坏直接影响其健康状况。

良好的饮食习惯包括：培养婴儿对食物的兴趣和好感，养成饮食定时定量，养成专心吃饭、自己进餐、细嚼慢咽的习惯。

1. 做好进餐的准备

（1）吃饭前15分钟应停止游戏活动，与婴儿一起收拾玩具，让他集中注意力，调整好情绪，有利于食物的消化和吸收。

（2）进餐前让婴儿用肥皂水洗手。

（3）帮助小年龄的婴儿带上围嘴，大一点的婴儿可以帮助成人准备碗筷，在固定座位上坐好准备进餐。

2. 营造良好的进餐氛围

（1）婴儿进餐时，成人要保持和蔼的态度和愉快的表情，因为在愉快、亲切的环境中进餐会增加婴儿的食欲，提高进餐量。

（2）边进餐边给婴儿介绍饭菜的营养和自己对饭菜的喜爱。

（3）尽量给婴儿创造一个比较宽松的进餐环境，不要强迫或哄骗婴儿进食。

（4）进餐时不要批评、责怪和打骂婴儿。

（5）为婴儿准备营养丰富的食物，使其养成不挑食、不偏食的好习惯，促使婴儿能够吸收多种营养。

（6）鼓励婴儿自己抱奶瓶喝奶或用勺进餐，保护婴儿自己吃饭的热情，并让婴儿进餐后自己擦嘴。

（7）尊重婴儿对食物的爱好和兴趣，遵循“进食黄金原则”（由成人把握好婴儿应该吃什么饭菜，在什么时候吃，而把每次吃多少的自主权留给婴儿）。

（8）选择色彩明快的食物和餐具，以促进婴儿的食欲。

(三)培养婴儿良好的清洁卫生习惯

培养良好的清洁卫生习惯是提高机体防御功能、预防疾病、保证婴儿正常生长发育的有效手段。婴儿良好的卫生习惯包括:饭前饭后洗手、便后冲洗厕所、每天洗脸、勤洗手、勤洗澡、勤剪指甲、勤换衣服、饭后漱口、早晚刷牙等。

1. 勤洗手、勤洗脸

婴儿要保持手脸干净,养成饭前饭后、户外活动和玩耍后要洗手的好习惯。通常要求使用流动水和肥皂或洗手液洗手。1 岁左右的婴儿可以开始学习自己洗手,成人要给予示范。

2. 经常洗澡、洗头

婴儿皮肤和毛发新陈代谢较快,分泌物较多,需要经常清洗,以保持皮肤、毛发洁净。尤其是年龄较小的婴儿大小便缺乏自控能力,皮肤经常会被污染,需要经常做清洁工作。夏季出汗较多,每天都应给婴儿洗澡,冬季可根据情况每周洗 2 ~ 3 次。

3. 饭后漱口、睡前刷牙

由于婴儿乳牙的牙釉质薄,牙本质疏松,加上唾液分泌少,如果甜食吃的较多,很容易被细菌分解的酸液腐蚀,发生龋齿。因此,婴儿要从小养成饭后漱口,1 岁半左右开始学习刷牙的好习惯。刷牙时要先顺着牙缝上下刷,里外都要刷,然后横着刷牙齿咬合面,直到将口腔里的食物残渣彻底清除干净为止。

4. 勤换衣

由于婴儿生长发育较快,新陈代谢功能较强,皮肤分泌物多,加之经常在户外活动,衣服很容易被污染,所以要经常为其换洗衣物,防止婴儿被细菌感染。

5. 勤剪指甲

指甲容易成为藏污纳垢的场所,婴儿喜欢用小手到处触摸,容易将细菌等病原微生物带入体内。因此，要经常为婴儿剪指甲，这样可以减少病原微生物存在的环境，有效预防疾病。

只有反复训练才能逐渐养成讲卫生的好习惯，成人要有意识地进行提醒和督促，并为婴儿作出示范动作，帮助婴儿把良好的卫生习惯长期保持下来。

（四）培养婴儿良好的大小便习惯

大小便训练是婴儿生长发育是否成熟的阶段性标志，其训练时间和方法是否适当，直接影响婴儿的身心健康。

（1）确定训练时间。婴儿大小便训练没有统一的时间和标准，要因人而异。训练时间完全决定于婴儿自身是否具备两个条件：一是控制大小便排泄的中枢神经是否发育成熟，有无肛门和膀胱肌肉组织的控制能力；二是婴儿是否有接受大小便训练的心理愿望，是否能够配合成人进行训练。

（2）确定训练标准。婴儿能够初步控制肠道和膀胱肌肉，有了便意能忍一会儿，能够听懂成人的语言，明白说话的含义，并能够表达自己的要求，喜欢模仿成人的动作，对上厕所有兴趣，不拒绝坐便盆。

（五）注意事项

（1）让婴儿学会自己穿衣、吃饭、洗手等生活技能，逐步发展到管理自己的生活，培养自己的事情自己做，不依赖他人的意识。

（2）培养婴儿生活自理的能力可以采取分散难度，多示范，由简到繁的形式。

（3）根据婴儿的年龄特点明确培养目标，在技能训练方面要把握好度，不能把技能训练的好坏作为衡量的标准。

二、培养婴儿的社会交往能力

培养婴儿社会交往能力是智力开发的重要内容。社会交往能力是婴儿适应社会,全面认识社会的基础。良好的人际关系能够促进婴儿身心的健康发展。

(一)培养婴儿社会交往能力的方法

1.与婴儿建立亲密关系

指导家长对婴儿的视觉、听觉、触觉和模仿能力进行训练,为培养婴儿社会交往能力做准备。

(1)指导母亲在喂奶时与婴儿进行交流。母亲可以一边喂奶一边抚摸婴儿,也可以将婴儿的手放在母亲的乳房或脸上,同时用亲切的语言与其交流,或者哼一些好听的歌曲,让婴儿感受到关爱。

(2)用眼睛相互注视进行交流。经常和婴儿进行眼对眼的接触,最佳距离为20厘米。一边说话,一边慢慢移动面部,让婴儿的头和眼睛跟着移动。经常对婴儿进行语言刺激,可以促进婴儿大脑发育。

(3)经常给予婴儿爱抚、亲吻和拥抱,经常和婴儿嬉戏玩耍,共同做拍手游戏,如唱《你拍一,我拍一》等儿歌,并作出各种动作让婴儿模仿,多给婴儿提供学习的机会,注意观察婴儿的各种表情和动作,对婴儿的要求作出积极的回应,使之得到最大的满足。

2.训练婴儿与成人合作玩游戏

让婴儿骑在成人的肩膀上,成人抓住婴儿的双手说:"请客人坐好,飞机马上就要起飞了。"然后在原地转儿圈说:"北京到了,请客人下飞机。"

3.鼓励婴儿与同伴交往

婴儿在与同伴交往的过程中,能学会微笑、表达、合作等社会交往能力,学会交换与等待。

(1)为婴儿提供与同伴一起玩的机会,如到邻居家串门或到公园散步,寻找年龄相同的伙伴。

（2）安排两个人合作的游戏，如让一个婴儿做一个动作或发出一种声音，让另一个人进行模仿，从相互配合中体会与人合作的乐趣。

（3）让婴儿学会分享食物和玩具。经常讲小动物分享物品的故事，在婴儿情绪好的时候，拿出两块糖，告诉他一块给小朋友，一块留给自己。让婴儿与同伴一起玩玩具，共同分享快乐。

（4）指导婴儿玩"角色游戏"，如当大夫给别人看病，当售货员卖东西等。

（5）帮助婴儿准备与同伴一起玩的玩具，如积木、图书等。

4. 培养婴儿的沟通能力

3岁以前是婴儿学会沟通的最佳时期，要为婴儿提供丰富的语言环境。具体训练方法如下。

（1）要面对面地与婴儿说话，吐字要清晰，节奏要缓慢，最好说普通话。

（2）要与婴儿说看得见的东西和正在做的事情，这样容易使婴儿明白语言与事物之间的联系，并易于记忆。

（3）要认真听婴儿说话，并试图理解婴儿的语言，这样可以激发婴儿说话的积极性。

（4）鼓励婴儿与他人进行对话，如吃饭时与家人对话，在汽车上向他人问好等。

（5）在与他人交往时，训练和鼓励婴儿做完整的自我介绍，并且能够倾听他人的介绍，这有利于增进交往能力。

（6）指导婴儿使用正确的语言向他人问好，提示婴儿用语言正确表达自己要喝水、要玩具等个人需求。

（7）与婴儿玩文字游戏，如找一些带图案的卡片，由婴儿来抽取，成人提问，婴儿回答，答对了要给予表扬。

（8）带婴儿一起去购物，边买东西边讲物品的名称、用途，让婴儿摸、闻所买的东西，复述物品的名称和用途。

（二）注意事项

为婴儿提供与同伴交往的机会，成人不要代替。

三、培养婴儿良好的情绪

情绪是情感的外在表现,情感是情绪的本质内容。0~3岁是婴儿情绪培养与个性及人格发展的敏感期,培养婴儿良好的情绪能使婴儿智力活动保持在良好的状态,而且还能使婴儿保持心理健康。

(一)培养婴儿良好情绪的方法

1.增加爱抚和情感交流的机会

要通过多搂抱、多抚摸、多对视、多说话、多逗笑、多游戏的方式,让婴儿充分感受到一种爱意。

2.为婴儿设计一个丰富而适宜的智力游戏

通过向婴儿提供不同实物、色彩、图案、符号和听音乐、念儿歌、讲故事及动手操作的机会,满足婴儿日益增长的好奇心和求知欲。

3.不要限制婴儿对环境的探索活动

在婴儿学会爬行和直立行走后,最好能开辟一个安全而富有探索性的"运动场"任他"摸爬滚打"。

4.满足婴儿的合理要求

当婴儿提出某种要求时,只要有可能,就要立刻停下手中的事,去关注婴儿的行为,为婴儿提供适当的帮助,让他感受到别人的尊重,从而学会尊重别人。

5.对婴儿的行为进行评价

当婴儿能够听懂语言后,要及时对他的言行加以肯定和赞赏,让婴儿在爱抚和赞赏的气氛中体验成功的快乐，经受“挫折”的考验。

6. 不用恐怖的表情和语言吓唬婴儿

不要把成人的不满情绪发泄到婴儿身上，更不能冷落、甚至打骂婴儿。

7. 扩大婴儿的接触面

让婴儿在陌生的环境中经受锻炼和考验，用成人对待客人的热情态度和友好气氛去感染婴儿，帮助其克服胆怯情绪，学会逐渐适应环境。

（二）与心理反抗期婴儿沟通的方法

1 岁半至 2 岁半的婴儿，希望自己的行为得到认可，自己的探索活动不受到限制或干涉，有时会表现出一种抗拒行为，这是婴儿进入心理发展的第一反抗期和萌发自我意识的标志。这个时期是婴儿心理健康发展的重要时期，也是塑造健康人格的敏感期和关键期。采用正确的方法进行调整，才能取得较好的效果。

1. 合理满足法

对婴儿的合理要求，尤其是学习和探索环境的欲望要给予充分满足，认真检查房间的安全情况，排除任何危险因素。可以在室内外给婴儿创造各种相对固定的功能角，如在茶几上摆放些积木、拼插玩具组成巧手角；用一些图书、画报构成阅读角；用画板、纸、笔构成图画角；用一套大小、质地不同的球和一个简易的篮球架构成运动角。不要刻意教婴儿什么，而是为婴儿创造一个富有探索性的学习空间。

2. 转移注意法

对待婴儿不合理的要求或有危险的活动，应当尽量避免正面冲突，可采取适当转移注意力的办法进行软处理。如打开电视机看一些有趣的节目，用亲切的语言与布娃娃说话，给婴儿一件最喜欢的玩具等。

3.故意冷淡法

有时婴儿会故意做一些恶作剧,以观察成人的反应,如不让打开电冰箱,他就故意把冰箱打开。这时,最好的办法是故意装作看不见,让他觉得没趣而停止恶作剧。

4.后果惩罚法

运用婴儿行为后果教育法让婴儿自然地调整自己的行为。如婴儿要去摸热水瓶,大人不妨把瓶塞打开拿着婴儿的手放到瓶口上方,让他找到被烫的感觉,从而自己停止这种行为。

给婴儿创造宽松的环境并不等于可以让他为所欲为,在某种情况下,要适当地对婴儿说不,为他提供学会控制自己情绪和服从别人管理的机会。学会服从是一种适应社会的能力。在控制婴儿情绪时要考虑到他的心理承受能力,适当说不,等于给婴儿提供适量的心理营养素。

(三)注意事项

(1)为婴儿提供经常与同伴交往的机会。

(2)在婴儿与同伴发生冲突时,成人不宜过多干涉。

(3)让婴儿学会与人交换、分享和等待的习惯。

四、其他方面培养

(一)人格发展

人格是指一个人在生活中对待别人、对待自己、对待事物,包括对待整个环境所表现出来的独特个性。人格发展包括人的生活教育、良好情绪培养和社会价值标准建立等方面内容。人格发展应该成为现代教育中不可缺少的重要内容。0~3 岁婴儿是人格发展的最佳时期,大脑的质量已经从出生时的350 克发展为1 000 克左右,功能上已经具备了感觉、知觉和认知发展的基础。因此，应把培养婴儿的自主意识、爱心、信任感、乐观向上的精神、学会尊重和宽容等作为教育的重点。

（二）艺术感受能力

婴儿的认识具有直觉、行动、具体形象的特点，情绪情感具有易感性、易转移的特点。艺术的存在非常符合婴儿的认知特点和情绪情感特点，如倾听优美的旋律，注视鲜艳的色彩和图像等。1 岁以后，进一步发展婴儿对唱歌、表演、绘画、泥塑、看图画书、看电影电视的广泛兴趣，以及对色彩、线条、节奏、旋律的敏感性，这些活动可以激发婴儿初始的想象力，使其获得自由表现的愉快体验。要为婴儿创造一些富有艺术氛围的环境，培养婴儿对艺术的关注和兴趣。

第四节　发 展 评 价

婴儿发展是指 0 ~3 岁期间，个体在生理、心理以及社会行为上不断成熟、变化的复杂过程。婴儿发展评价是对婴儿发展水平和发展速度的评定和估价。

一、婴儿发展评价的重要作用

对婴儿整体发展水平、各项能力的发展水平及其发展速度进行科学评价，有助于对婴儿个体特征及发展需要进行全面、深入、客观的了解，这是制定个性化教学计划的基础和前提。

二、婴儿发展的共同特点

婴儿发展始终遵循着一个共同的规律特点，无论是各种能力的形成还是行为系统的建立，都有一定的秩序。以大运动的发展为例，一般情况下，婴儿 3 ~4 个月会抬头,8~9个月会坐,11个月会站,1岁~1岁数个月会走。任何一个婴儿在发展过程中都遵循着先会抬头,再学会坐,后学会站,最后学会走的发展顺序,而且无论是抬头还是坐、站、走,每个行为的出现都有一定的时间范围,这就是婴儿发展的阶段性和连续性,也是婴儿发展的基础。

三、婴儿一般发展水平

为了更好地了解婴儿的发展情况,可将婴儿发展划分为大运动、精细动作、语言、认知、社会行为培养等,每一部分又可称为一个领域。不同年龄阶段的婴儿在各个领域中的特征行为表现就被视为婴儿发展的一般水平(表8-1)。

表8-1　0~3岁婴儿各年龄段的一般发展水平

年龄	大运动	精细动作	语言	认知	社会行为
1个月	仰卧抬头	触碰手掌会紧握拳	会发出声音而不是哭	眼可跟随红球移动	被抱起时能安静下来
2个月	俯卧时头可以抬离床面	握紧短棍	发出a,e,o等声音	能立刻注意大玩具	逗引有反应
3个月	俯卧可抬头45°	玩弄自己的手	笑出声	眼可跟随红球移动180°	眼睛可跟踪走动的人
4个月	俯卧抬胸	摇动并注视拨浪鼓	发出咿呀声并能高叫	会找声源	认亲人
5个月	轻拉腕部即坐起	抓住近处玩具	对人或物发声	拿一块积木,注视另一块	扭头注意说话或唱歌的人
6个月	可独坐,可以由仰卧到俯卧	会撕纸,能握两块积木	叫名字会转头	寻找失落的玩具,但不一定能找到	自喂饼干,躲猫猫
7个月	俯卧打转,独坐	积木换手	可发出da-da,ma-ma音,无所指	能伸手去够远处的玩具	对镜中人物有反应

表 8-1(续)

年龄	大运动	精细动作	语言	认知	社会行为
8 个月	独坐 10 分钟,双手扶栏可站	拇指可捏小丸,会取第三块积木,不一定取得到	会模仿声音,如咂舌、有意识摇铃	用手持续追逐玩具,力图拿到	对大人训斥或赞扬有表情反应
9 个月	会爬,躯干可抬高	拇指捏小丸	会欢迎、再见	积木放入杯中,能取出	对不要之物有不要的表情
10 个月	能自己扶栏站起,身体完全直立	拇指动作熟练	会模仿大人发音	找盒子里的东西	会表达感情
11 个月	一手扶栏蹲下并站起	打开包积木的纸	能发单字音	模仿推玩具小车	听到家长说“不”时能停止
12 个月	可独站 10 秒,扶一只手走可 3 步	可全掌握笔,并用笔乱画	有意识叫妈妈、爸爸	试着盖瓶盖	服从简单指令,如“把杯子给我”
13 个月	独走	用笔在纸上画	有想唱歌的趋向	从盒子中取积木	能配合穿衣服
14 个月	独步数步	一次可拿 3~4 块积木	知道自己的名字	可放入圆形模板	能用杯子喝水
15 个月	喜欢推童车	从瓶中拿小丸	清晰地说 4 个字	翻书两次	会脱袜子
16 个月	独自弯腰拾物	用两块积木搭高	认识图中的一些物品	方形放入模板中	像大人一样把书摆好
17 个月	小步跑,爬沙发	独自乱画,方向不限	要说明确含义的句子	两孔模板可放入	可以自己端半杯水
18 个月	举手过肩扔球	搭 4 块积木	说 10 个以上的单字	能正确把 4 块方木送对 3 个地方	白天可控制大小便

表 8－1(续)

年龄	大运动	精细动作	语言	认知	社会行为"
21 个月	会用脚尖走,扶栏上楼梯 3 阶以上	可用玻璃丝穿过扣眼	能回答简单问题	模板倒放后可将圆积木放入,能搭 7～8 块积木	开口表示需要
24 个月	双足跳离地面,同时落地两次	穿扣眼后,另一手将线拉出	会说两句以上儿歌,会主动问"这是什么"	能逐页翻书 3 页,将 3 块模板放入	能说出 3 种以上物品用途

四、婴儿发展的个别特点

每个婴儿都是一个独立的个体,会表现出不同的特点。这里有遗传素质的差异,也有后天发展的差异。这种差异形成了每个人不同的发展水平、发展方向、能力特征和个性人格特征。婴儿在发展过程中与众不同的差异表现,就是发展的个别特点。掌握和了解婴儿的个别特点的目的,是为了有针对性地设计和编制个别化的教学计划。

五、工作内容

婴儿的发展是全方位、综合性的,评价也应该是全方位和多方面的,不但要评价婴儿运动、语言、认知等方面的发展,还要对社会行为、情绪、气质等方面进行评价,这样才能全面了解婴儿发展的潜质。

美国哈佛大学心理学家加德纳博士提出了多元智力理论,认为以往对智力的理解主要集中在受社会、文化教育影响较大的语言和数理逻辑能力上,而忽视了对人类和个体生存发展中有主要作用的其他能力,如音乐、动作、交往能力等,认为不在于一个人多聪明，而在于怎样聪明。我们认同加德纳的观点，并需加强对婴儿社会能力和人格发展方面的评估。